삼림욕의 스트레스 감소효과와 향후 전망

- 심신건강과학의 관점에서 -

森林浴のストレス低減効果と今後の展開

삼림욕의 스트레스 감소효과와 향후 전망

-심신건강과학의 관점에서-

高山範理 著　筒井末春 監修

안기완 · 백을선 · 김민희 공역

전남대학교출판문화원

서문

인류를 비롯한 많은 생물은 지구를 덮고 있는 삼림에 포함되어 자라왔다. 2011년은 국제연맹에서 정한 국제 삼림의 해이지만 그다지 알려져 있지 않았다. 일본 국토의 약 70%는 삼림이 차지하며 이 삼림을 효과적으로 이용하는 하나의 방법으로서, 삼림욕을 들 수 있을 것이다. 삼림욕이나 삼림요법은 대체 의료의 하나로도 알려져 있다.

IT의 발달이 가져다준 24시간 사회에서 스트레스성 건강장애에 빠지는 사람들은 기업 내에서 문제되고 있으며, 정신건강의 중요성이 지적되고 있는 오늘날 심신의 릴렉스나 재충전에 도움이 되는 하나의 수단으로서 삼림욕의 가치는 결코 작지 않다.

본 책자(증거감에서 본 삼림욕의 스트레스 감소 효과와 향후의 과제)는 일본 삼림종합연구소 환경계획 연구실장인 카가와 다카히데(香川隆英) 박사의 편집 하에 동 연구실의 주임연구원인 다카야마 노리토시(高山範理) 박사의 삼림욕에 관한 현시점의 성과를 바탕으로 한 최신 연구 성과를 포함하여 일본에서의 역사, 경위, 그 활용과 향후 방향성에 대해 언급한 내용으로 구성되었고 국내·외 문헌도 망라하였다. 삼림욕에 관한 시기적절하고 과학적인 학술서로 자리매김했다고 하여도 좋을 듯하다.

다카야마(高山) 박사는 인간종합과학대학(학장 久住眞理) 대학원연구과 박사후기과정 심신건강과학 전공에서 박사학위를 수여받고, 그 연구 논문의 타이틀인 "삼림욕의 삼림적 효과와 개인 특성의 해명에 관한 연구 －신경증 경향을 배려한 치유효과가 높은 삼림욕 프로그램 및 삼림환경의 제안 1－"로, 본 서문을 작성한 본인은 그 때 3년간에 걸쳐 지도교수로서 연구를 지도한 적이 있어 이번 감수자로서 이름을 올리는 된 것이다.

본 책자에 의해 심신양면으로 삼림욕 효과의 과학적 실증이 한층 더 진행되어 삼림욕에 흥미를 갖는 의료종사자나 일반 독자는 물론 그 관심이 깊게 됨으로서 건강과학, 심신의학, 재활의 영역에서도 새로운 전개가 이루어지기를 바라마지 않는다.

동방(東邦)대학교 명예교수
인간종합과학대학 명예교수

筒井 末春

목차

제 I 부 삼림욕이 가져오는 심리적인 스트레스 감소 효과

제Ⅱ부 심리적 스트레스 감소 효과의 개인차

제 I 부

삼림욕이 가져오는 심리적인 스트레스 감소 효과

제❶장

왜 지금 삼림욕*인가?

* 2017년 7월, 미국에 "shinrinyoku"으로 상표등록, 이에 본 서(書)에서도 삼림욕으로 표기 함.

A 삼림욕이란?

도시에 사는 많은 사람들은 다양한 이유로 스트레스를 받고 있으며, 또한 시간에 쫓겨 계절감을 잃고 운동부족 상태인 경우가 많다. 그럴 때, 바다나 삼림* 등과 같은 자연을 방문하면 왠지 편안하고 마음이 안정되는 경험을 가진 사람이 많지 않을까? 실제로 스트레스 해소나 리프레쉬(refresh), 건강 증진을 목적으로 매년 많은 사람들이 국립공원을 비롯한 자연공원 등 가까운 자연을 방문하고 있다.

삼림욕은 다양한 자연 중 특히 삼림환경에 주목(着目)하여 위의 다양한 문제를 해소하고, 심신을 편안하게 하며 활력을 회복하는 수단(스트레스 감소 효과), 또는 자연 회귀의 장으로 생각하는 것으로, 1982년에 삼림·임업 행정 중심적인 업무를 하는 일본 임야청**에 의해 제창된 개념이다. 임야청[1]에 따르면, 「삼림욕」은 "삼림환경의 아름다운 자연풍경과 향기, 음색이나 촉감 등 삼림생태계의 생명과 생명력 등에 대해 오감을 통해 느끼게 함으로써 사람들의 마음과 몸의 건강 회복·유지·증진을 도모하는 것"으로 정의된다.

이렇게 80년대 중반부터 삼림의 스트레스 감소 효과에 대해 그 존재가 경험적으로 알려졌지만 좀 더 구체적으로 삼림욕에 어떤 효과가 있는지는 알지 못했다. 따라서 바로 최근까지, 예방의료 또는 보완·대체 요법이라기보다는 수많은 레크리에이션이나

* 우리나라는 산림(山林)으로 표기하나 일본에서는 삼림(森林)으로 표기함, 이에, 본 서(書)에서는 삼림으로 표기 함

** 임야청 : 우리나라 산림청에 해당함.

기분전환 방법의 하나로 여겨지는 것 같다.

그러나 환경에 대한 염려와 의식의 제고에 따라 삼림의 보건휴양적인 역할을 요구하는 국민의 목소리 증가, 의료비의 억제, 그리고 최근 연구에 있어 신체상태 점검 기술의 고도화, 장비의 소형·경량화 등이 빠르게 진행되어 실험실에서의 실험뿐만 아니라 현장에서의 조사와 실험이 가능하게 되었다.

기술의 진보는 사람들의 새로운 관심을 불러일으켰다. 점차 과학적인 지식(知見)을 얻을 수 있게 됨으로써, 재차 삼림환경이 가지고 있는 스트레스 감소 효과의 과학적인 해명(解明)이 기대되게 되었다. 여기에서 정책적으로도 삼림욕의 스트레스 감소 효과를 과학적으로 해명·검증하고 그 효과를 바탕으로 삼림욕을 적극적으로 국민의 복지와 건강 증진에 활용하려는 방안이 고려되고 있는 것도 큰 이유 중 하나일지도 모른다.

이러한 삼림욕의 효과를 과학적으로 해명하고 마음과 신체 건강을 살리려는 시도가 "삼림테라피(치유)[2)*]"라고 불리고 있는 전략이다. 보다 상세하게 삼림욕과의 차이를 설명하면 삼림테라피(치유)는 삼림욕에서 진일보한 과학적이고 객관적인 방법을 이용하여 실험을 중심으로 삼림욕의 효과를 가시화하고 보다 연역적으로 모두에게 납득할 수 있는 지식을 제공하는 것을 목표로 한다는 의미에서 삼림욕의 새로운 패러다임으로 기대되고 있다.

---

* 원본에는 삼림세라피로 기술하고 있지만 본 서(書)에서는 삼림테라피(치유)로 번역하여 표기 함

또한, 우에하라(上原)[3)]는 삼림욕을 「삼림요법*」으로 발전시키고자 하고 있다. 삼림욕은 왠지 모르게 숲에 잠겨있는 상태인 것에 비하여 삼림요법은 어떠한 임상적인 목적을 가지고 숲에 가서 삼림욕, 기타 레크리에이션, 나무 및 임산물을 활용한 작업요법, 삼림을 걸으면서 상담(카운셀링), 지형 등 숲의 자연을 활용한 의료재활, 임산물을 이용한 아로마테라피 등 삼림환경을 종합적으로 이용하면서 건강을 증진해 나가는 자연요법 또는 환경요법[3)]으로 정의되어 있다.

삼림테라피(치유)와 삼림요법은 모두 기존 삼림욕 개념을 한 단계 더 발전시킨 것이다. 그러나 굳이 삼림테라피(치유)와 삼림요법을 "주요접근", "대상", "목적"이라는 관점에서 정리하면 그림 1과 같이 분류할 수 있다. 삼림테라피(치유)가 주로 정상인을 대상으로 연역적 접근법에 의해 심신의 휴식과 휴식의 효과, 그 자체 및 무엇이 그것을 가져오는지에 대한 해석하는 것을 목적으로 하는 반면, 삼림요법은 주로 질병자나 부정적 사고를 가지고 있는 사람, 장애인 등을 대상으로 실용적이고 임상적인 귀납적 접근을 하는 것으로, 복지·의료·상담을 실시하여 그 효과검증을 목적으로 하는 것이라고 할 수 있다.

이 책에서는 삼림욕이라는 용어를 통일하여 쓰는 것으로 하였다. 다만 정상인이 대상이거나 연역적인 접근 방식을 통해 심리적 진정 효과를 조사하기 위해서 가능한 과학적인 방법을 이용한다는 의미에서 삼림테라피(치유)적 접근이 기본이다. 그리고 삼림욕을 예방의학에 활용해 나가려는 의도에 있어 삼림요법의 생각을 일부 도입하고 있다고 할 수 있겠다.

---

* 저자가 주장하는 이론이므로 본 서(書)에서는 삼림요법으로 표기 함

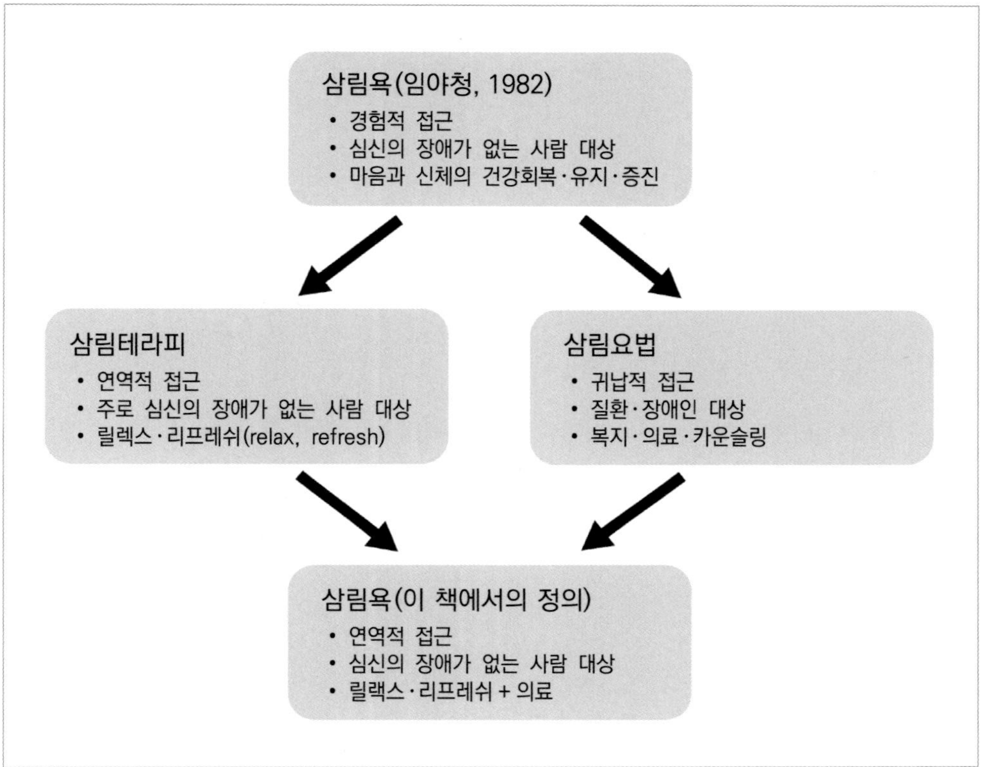

〈그림 1〉 삼림욕의 정의

2장은 이렇게 삼림욕이 강하게 요구되고 있는 이유에 대해 좀 더 깊게 이해하기 위해서 사회·경제적인 요청과 삼림관리 측면에서의 요청이라는 두 가지 측면에서 생각해 보고자 하였다.

B 사회·경제적 요청

1. 국민 의료비의 지속적 상승

먼저, 일본의 경우 국민 의료비의 지속적인 상승에 관한 문제가 있다. 일본의 의료는 국민보험제도*를 채택하고 있으며, 그 결과 세계 최고 수준의 평균 수명과 높은 보건의료 수준을 실현하고 있다. 그러나 그 기반이 되는 의료비 등의 지출 증가는 놀랄 정도로 국가 재정을 핍박시키는 요인의 하나로 여겨질 정도이다(그림 2). 앞으로도 의료비의 대폭적인 증가가 예상되며 장래에 걸쳐 지속가능한 의료보험 제도 구축이 큰 과제인 것으로 이야기 되고 있다.[4)]

또한 최근, 보건 의료분야에서는 치료의 대상이 되는 질병도 크게 변하고 있으며, 이전에는 감염증 등 급성 질환이 의료의 주요 대상이었던 반면, 현재는 암이나 생활습관병이라 불리는 만성 질환이 주요 대상이 되고 있다.[5)]

이 중 생활습관병은 고혈압과 심근경색 등의 순환기 질환이나 뇌졸중 등의 뇌질환, 당뇨병, 만성간부전, 대사증후군, 비만, 만성폐질환 등이 옛날과 비교하여 급속히 증가하고 있다. 이러한 질병은 고액의 약이 사용되며 증상도 장기적인 것이 일반적이다. 또한 생활습관병은 사망 원인의 약 60%를 차지하게 되었으며 국민 의료비의 약 30%인 10.4 조엔(2004년)이 생활습관병과 관련된 의료비로 지출되고 있는 것으로 보고되고 있다.[6)]

---

* 일본은 '국민보험제도'를 실시하고 있는 나라로 모든 사람이 건강보험에 가입하여 만일의 병에 대비하고 있다.

계속해서 증가하는 의료비에 관한 문제는 일본뿐만 아니라 선진국의 공통된 문제이다. 이를 무리하게 막으려고 한다면 고령자 의료를 중단하거나 진보된 의료기술을 일부 사람들에게만 제한적으로 사용할 수 있도록 하는 혼합 진료의 도입이 불가피한 상황이다. 그러나 이러한 방안은 많은 국민과 의사회 등의 반대에 의해 실제 실현은 어려운 상황이라고 할 수 있다.[5)]

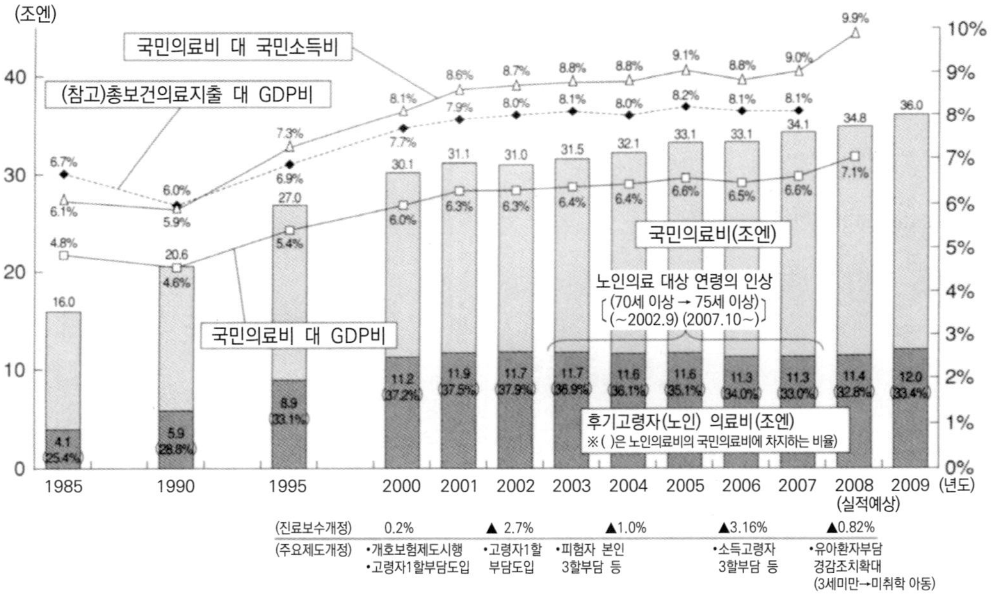

〈대비 전년도 신장율〉 (%)

	1985	1990	1995	2000	2001	2002	2003	2004	2005	2006	2007	2008	2009
국민의료비	6.1	4.5	4.5	▲1.8	3.2	▲0.5	1.9	1.8	3.2	0	3	2	3.5
후기고령자(노인)의료비	12.7	6.6	9.3	▲5.1	4.1	0.6	▲0.7	▲0.7	0.6	▲3.3	0.1	1.2	5.5
국민소득	7.2	8.1	▲0.3	2	▲2.8	▲1.5	0.7	1.6	0.5	2.6	0.9	▲7.1	-
GDP	7.2	8.6	1.7	0.9	▲2.1	▲0.8	0.8	1	0.9	1.5	1.0	▲4.6	-

〈그림 2〉 국민의료비의 동향

후생노동성: 2011년판 후생노동성, 일경(日經)인쇄, 404pp. 2011.

따라서 현재는 생활 습관개선으로 생활습관병의 발병을 예방하고 앞으로도 건강한 생활을 유지할 수 있도록 하기 위한 대책 강구가 요구되고 있으며 이러한 상황을 감안하여 판단해 보면 일본의 의료 구조개혁은 의료 제공체제 등의 효율화를 도모하면서 국민 중심의 의료서비스를 제공하고 일본 의료가 안고 있는 과제를 해결해 나가는 가운데 의료비 성장을 적정화해 간다고 하는 어려운 조정 등을 안고 있다고 말할 수 있다.[5)]

2. 고령자 인구의 증가

의료비 지출 증가의 원인으로 노인 인구의 증가도 간과할 수 없다. 일본의 경우, 급격한 추세로 고령화 사회로 진입하고 있다는 것은 충분히 보고되었다. 1950년부터 65세 이상 고령자 인구는 해마다 증가하고 있다. 예를 들어, 2005년 65세 이상 인구가

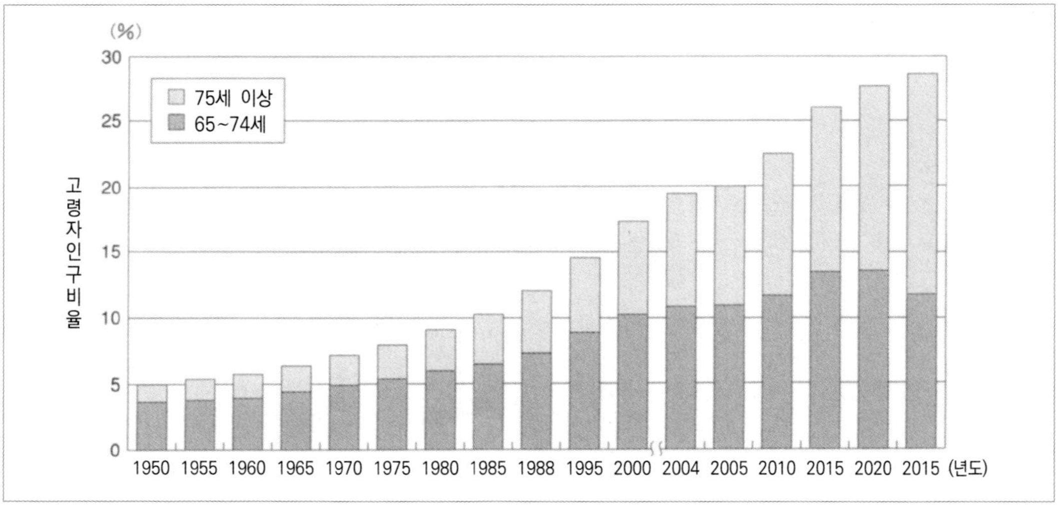

〈그림 3〉 고령자 인구 비율의 추이

총무성통계국 : 고령자 인구의 현황과 장래를 일부 개정하여 작성

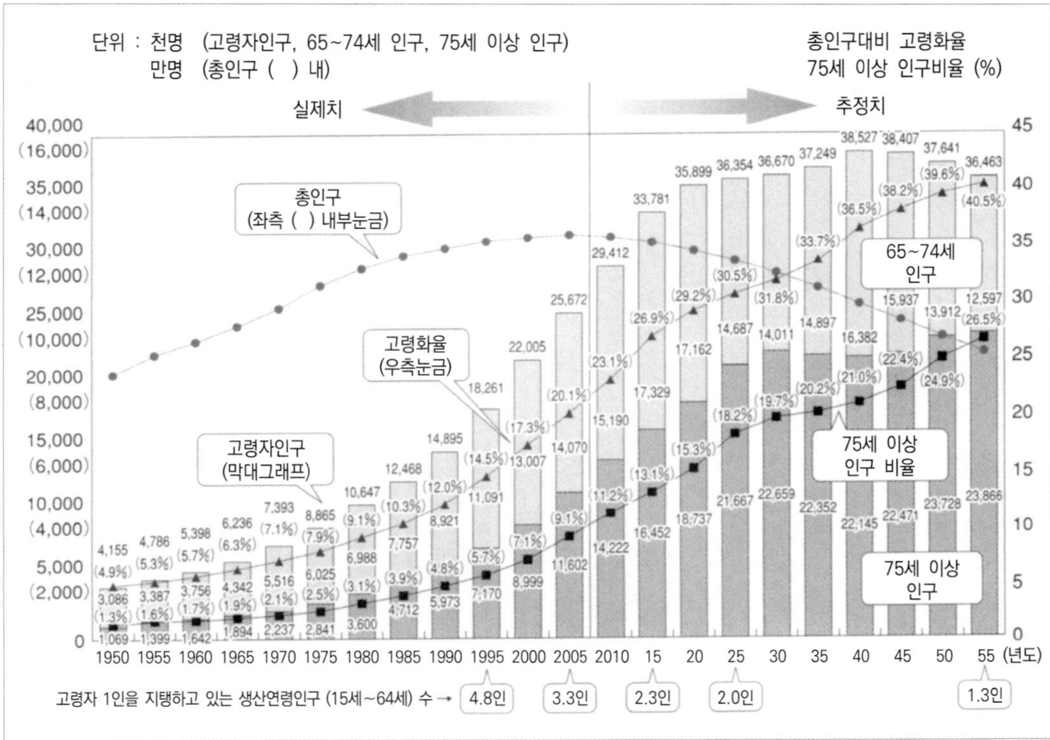

〈그림 4〉 총인구에 대한 고령자 비율의 증가

2005년까지의 총무성 「국세(国勢)조사」, 2010년 후의 국립사회보장·인구문제연구소 「일본 장래추정인구(2006년 12월 추정)」의 출생중위·사망중위 가정에 의한 추정결과
내각부(内閣府) : 고령사회백서 2009년판, 인쇄통판, 182pp, 2011.

2,556만 명으로 전체 인구의 약 1/5이 된 것이다.[7)] 앞으로도 총 인구는 감소하는 가운데 2015년에는 26% 이상, 즉 국민 4명 중 1명(그림 3)이, 2055년에는 2.5명 중 1명이 65세 이상이 될 것으로 예측되고 있다(그림 4).

이와 더불어 사회보장성 비용*은 2007년도에 91조 4,305억엔(円)으로 과거 최고 수

* 사회보장 지출에서 개인에게 직접 지급하는 현금이나 현물 비용.

준이 되었다. 또한 국민소득에서 차지하는 비중은 1970년 5.8%에서 24.4%로 상승하였고 고령자 관계 비용(연금 보험, 노인 보건(의료비 분)비, 노인 복지서비스 비용 및 고령자 고용계속 비용을 합한 것)은 사회보장비용 전체 비율에서 약 70%가 되었다(그림 5).

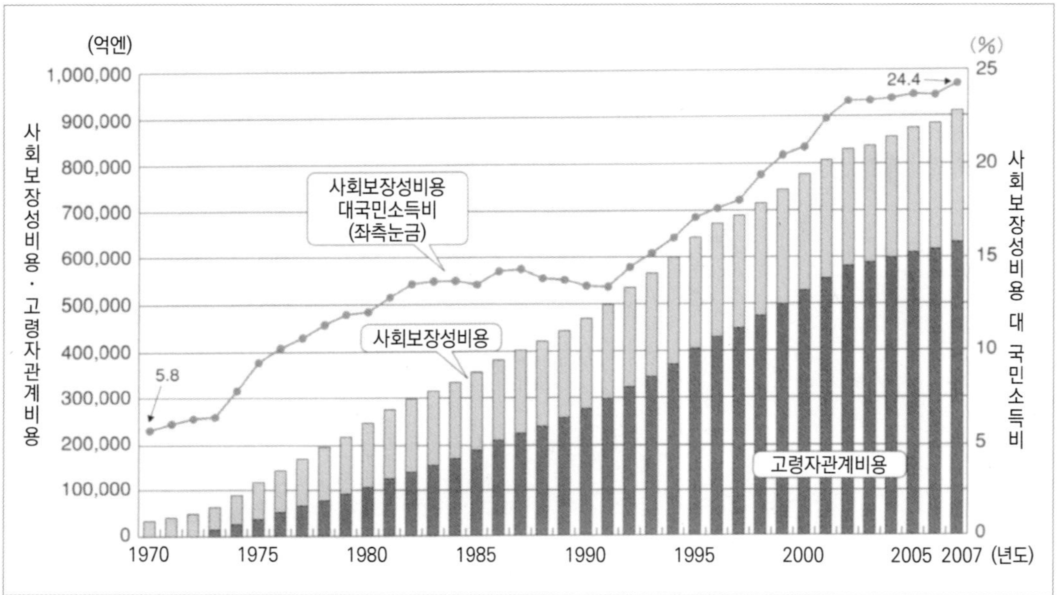

〈그림 5〉 사회보장성 비용(給付費)의 증가

국립사회보장·인구문제연구소「2007년도 사회보장성 비용」

㈜ 고령자 관계 비용은 연금 보장비용, 노인보건(의료비) 비용, 노인 복지서비스 비용 및 고령자 고용후계비용을 포함한 것으로 1973년부터 집계

내각부(內閣府): 고령사회백서, 2010년도판, 佐伯인쇄, 180pp, 2010.

또한 간병인이 필요한 고령자가 급속히 증가하고 있으며, 특히 75세 이상에서 그 비율이 높은 것으로 나타났다.[5] 이것은 간호 및 간호를 하는 가족의 증가를 의미하며 실제로 부모의 간호에 전념하기 위해 전직 및 이직을 하는 사람이 증가하고 있다. 특히 남자가 간병인이 된 경우에는 집안일에 익숙하지 않고 상담할 수 있는 상대를 찾기 어려운 점

등 정신적·신체적으로 여유가 없는 고립된 간병생활에 몰리는 사례가 나타나고 있으며 이직 등으로 인해 경제적인 면에서도 어려움을 겪고 있는 사람이 적지 않다.[7)]

이와 같이 고령화에 따른 심신질환은 고령자 본인의 삶의 질(QOL; quality of life)을 현저하게 저하시킬 뿐만 아니라 국가적인 재정 압박이라는 거시적인 면과 직계 가족의 부담 증가라는 미시적 면에서도 사회적인 문제가 되고 있어 근본적인 해결 방안이 요구되고 있다고 할 수 있다.

3. 지역의 피폐

더불어 지역의 피폐의 문제를 지적할 수 있다. 일본 인구는 2005년 전후로 인구의 수가 밑돌았으며, 그 후 거의 제자리걸음 하였고 2008년에는 2005년보다 감소하여 결국 인구감소 국면에 들어간 것으로 나타났다(그림 6). 1955년 중반에 비하여 산업형태의

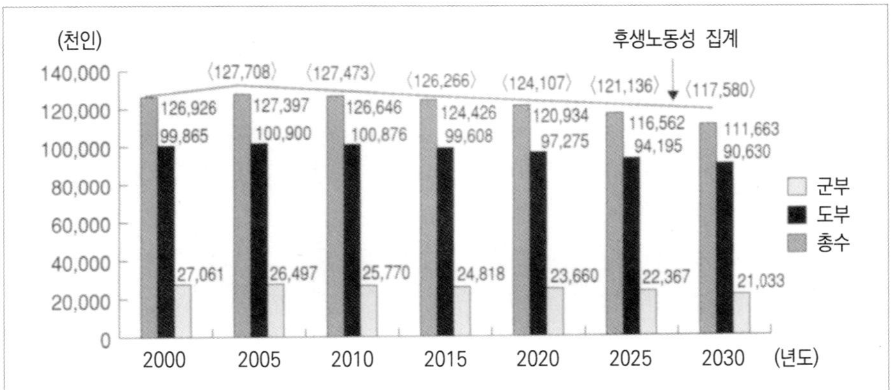

〈그림 6〉 일본 인구동태의 예측

石田信隆 : 농촌인구의 장래전망과 지역활성화의 문제
농림금융9 : 6, 2002. 그림 1「장래 인구집계 결과」허가받아 게재

변화, 농업소득의 저하, 편리성의 추구 등의 요인으로 지방의 인구가 도시로 유출되어 집중되는 경향이 이어지고 있다(그림 7). 사실, 2005년과 1990년의 농업소득 추이를 비교해보면 15년 동안의 소득은 감소하고 있으며(그림 8), 1980년과 비교해 보면 약 5%(약 7,000)의 농촌이 무인화 또는 도시화에 따른 농업 취락기능을 상실하였다(그림 9).

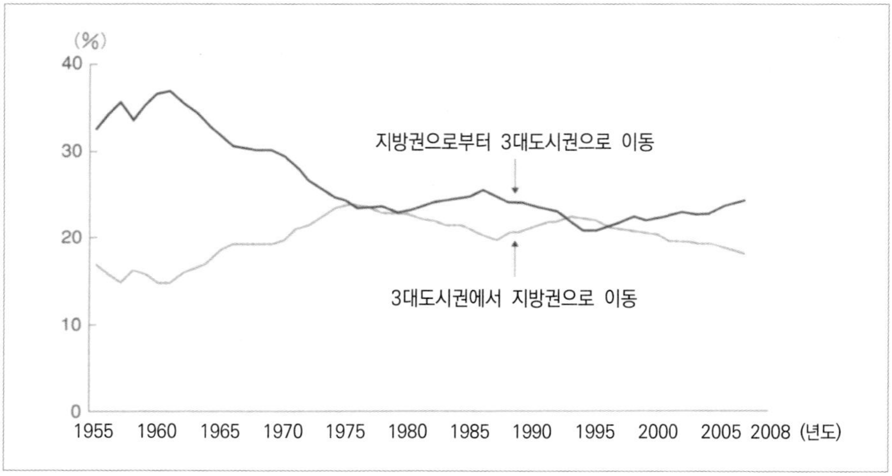

〈그림 7〉 3대 도시권과 지방권의 인구이동 추이

총무성「주민기본대장 인구이동 보고 연보」

㈜ 1) 각 년도의 이동 인구에 있어서 3대도시권으로부터 지방권, 지방권으로부터 3대도시권의 인구 비율

2) 3대도시권은 동경권(사이타마현, 치바현, 동경도, 가나가와현의 1도 3현), 나고야권(기후현, 아이지현, 미에현의 3현), 오오사카권(쿄토부, 오오사카부, 효고현, 나라현의 2부 2현)이며 지방권은 이러한 도시권을 제외한 도(道)와 현(県)임.

3) 일본인구만의 산출결과

농림수산성 : 식료·농업·농민백서 2007년도판, 佐伯인쇄, 도쿄, 203pp, 2009.

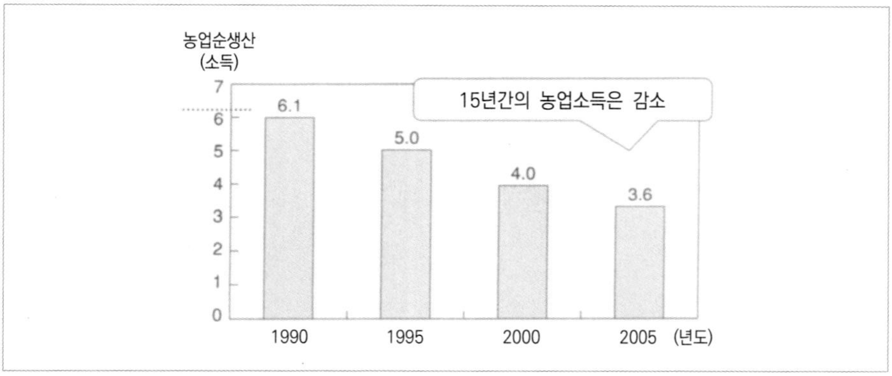

〈그림 8〉 농업소득의 추이

농림수산성 「농업·식료관련생산의 경제계산」

㈜ 농업순생산은 「농업총생산 − 고정자본감소(감가상각비 + 재해비용) − 간접세 + 경상조세금」으로 산출되었으며 소득으로 받아드린 액에 상당

농림수산성 : 개별소득보장제도 및 쌀의 수급조정에 대하여, 식료·농업·농민 정책심의회자료, 24pp, 2010.

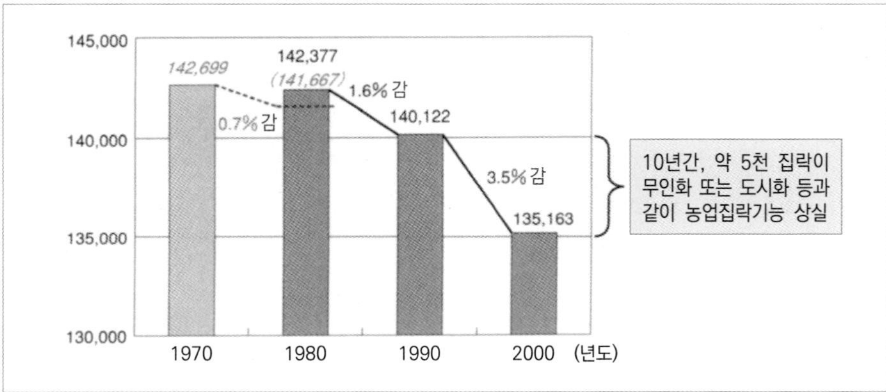

〈그림 9〉 농업 마을수의 추이

농림수산성 「세계농림업센터」에서의 농업집락조사를 기본으로 작성

㈜ 1970, 1980년의 이탤릭체는 오키나와를 제외함

농림수산성 : 개별소득보장제도 및 쌀의 수급조정에 대하여, 식료·농업·농민 정책심의회자료, 24pp, 2010.

또한 1990년과 2005년에 농업종사자의 연령 구조를 비교한 결과, 연령구조가 15년 동안 대부분 슬라이드의 형태로 감소 경향을 나타내고 있으며(그림 10, 11) 경작을 포기하는 농지도 증가 추세에 있다(그림 17).

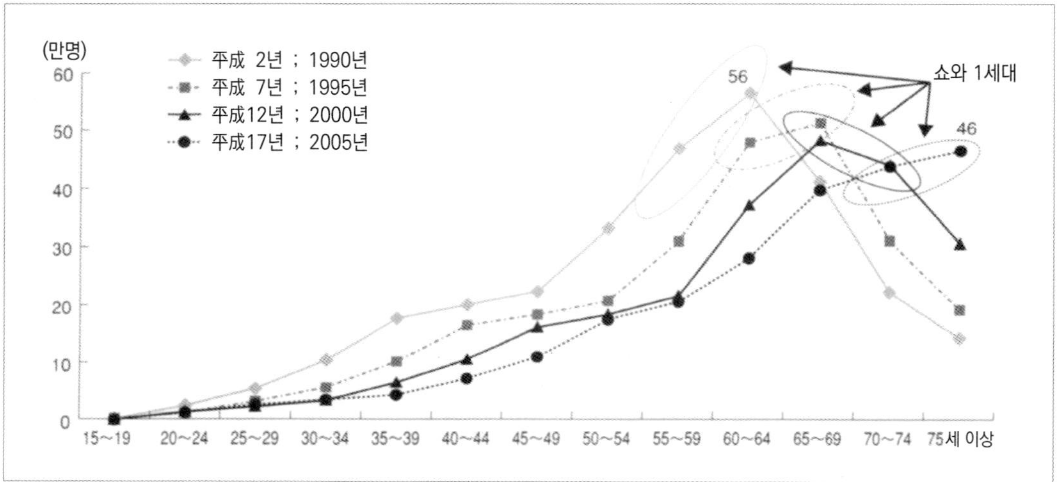

〈그림 10〉 기간적 농업종사자의 연령 구성

농림수산성「농임업 센서스」

㈜ 기간적 농업종사자란 주로 자영농업을 종사하는 15세 이상의 세대원(농업취업인구) 중, 「주로 직업(농업)」인 자이며, 주로 가사나 육아를 행하는 주부나 학생 등은 포함하지 않음. 또한, 위 그림은 판매농가임.

농림수산성 : 개별 소득보장제도 및 쌀의 수급 조정에 대해서, 식료·농업·농촌정책심의 의회자료, 24pp, 2010.

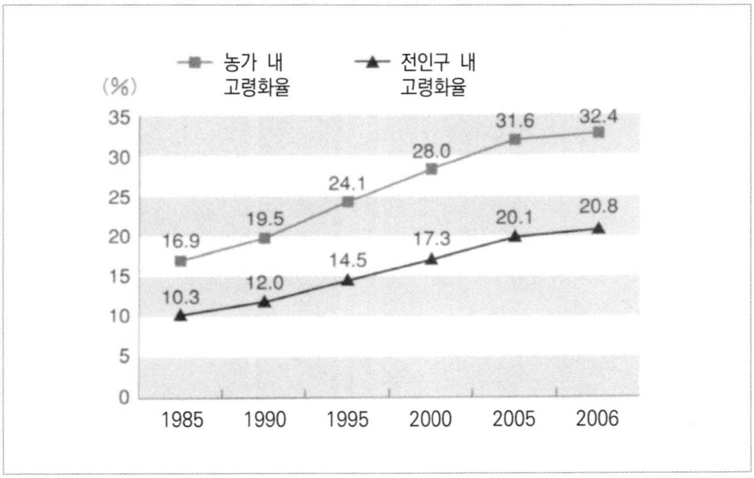

〈그림 11〉 농촌의 고령화 현황(농가의 고령화율 추이)

농림수산성 「농림업센터」, 총무성 「국세조사」
농림수산성 관동 농정국 업무자료

앞으로 지방에서는 인구감소와 고령화가 더욱 현저하게 진행될 것으로 예상되며 장기적인 전망을 바탕으로 지역 활성화에 대한 효과적인 대처가 요구되고 있다.[8] 이를 위해서는 기간산업(基幹産業)으로서의 농림수산업 진흥 활성화는 물론이며 소프트한 면을 포함한 지역의 매력을 높이는 추진이나 행정과 조직의 종적관계를 탈피한 대처, 활성화에 임하는 각 주체의 결합을 통한 상호촉진활동, 이러한 활동을 북돋우는 행정이나 농협 등 활동의 주축이 될 수 있는 조직의 적극적인 대처가 중요해질 것으로 생각된다.

4. 세수입의 장기적인 하락

마지막으로 세수입 저하에 대한 것이다. 내각부[9]의 보고에 의하면 고령화와 그에 따른 저출산으로 인하여 지방을 중심으로 한 재정적 기반의 저하가 현저하게 진행되고 있다고 한다. 앞에서도 거론하였으나 일본의 인구는 2005년을 계기로 감소세로 들어섰다고 볼 수 있으며 인구감소와 저출산·고령화의 진전은 경제, 산업, 재정의 모든 면에서 큰 영향을 미치게 될 것으로 예상되고 있다.[10] 또한 총인구 감소에 앞서 지방에서는 이미 인구가 줄어들기 시작하였다. 인구증감을 도도부현(都道府県)별로 살펴보면 이미 31개 지자체에서 인구가 감소세로 들어서고 있다고 한다.[11]

그러나 지방의 행정수요는 사회복지 관련 분야를 중심으로 앞으로도 증가할 것으로 예상된다. 이는 곧 인구가 감소해도 그 세출을 줄이기는 어렵다는 것을 의미한다. 이러한 가운데 인구의 감소, 즉 납세자수의 감소는 지방재정을 더욱 어렵게 하는 요인이 될 것이다. 이러한 상황을 해결하기 위해서는 지방세의 총액을 확충하는 것, 국가로부터 지방으로의 대규모 세원이양을 하는 것, 지방자치단체 간의 제휴에 의해 과세 구역의 광역화에 의한 효율적인 세금의 징수와 배분을 실시하는 것 등이 근본적이고 구체적인 방안으로서 고려되고 있다.[12]

그렇지만 한편으로는 국가나 자치체에 의지하는 것이 아니라, 자력적 노력으로 향후의 행정 서비스를 조달할 수 있는 자주 재원을 확보하려고 하는 자치체도 증가하고 있다. 예를 들어, 매력 있는 지역 만들기를 실시함으로써 관광진흥에 의해서 지역 교류인구의 증가나 지역경제의 진흥을 이루려고 하는 대응은 그 유효한 구체적인 대책으로 고려되고 있으며, 지자체별로 지역의 특색이 나타나도록 하는 적극적인 대응을 하고 있다. 앞으로는 각 지역에서 더욱 재원의 확보를 위해 지혜를 모아야 하는 시대가 된다는 것이다.

C 삼림관리에 관한 문제

일본은 삼림면적이 국토의 약 7할 정도 차지하고 있으며 선진국 가운데 우수한 삼림국가이다. 그렇기 때문에 일본의 토지 이용이나 자연과의 관계에 대해서 생각해 볼 때, 삼림을 빼놓고 이야기 할 수 없다. 1960년대 초반까지는 장작을 연료로 사용했었기에 삼림은 일상적인 생활과 깊은 관련이 있었다. 삼림으로부터 생활에 필요한 여러 가지 산물을 얻어 왔으며 그러한 행위를 통해 삼림 상태를 유지하고 있었다. 그러나 근대화가 급격하게 진행되면서, 지금까지 삼림을 지속적으로 관리해 온 순환형의 구조가 사라지게 되었다. 방치된 상태가 계속되면서 삼림 안은 울창해졌고, 일조량이 차단되고 바람이 통하지 않게 되어 임상의 식생에 변화가 생겼다. 또한 그 식생에 의존하던 조류나 곤충도 변화하고 식생의 변화와 함께 이들의 수와 종류도 감소하는 등 생태계에 막대한 영향을 미치게 되었다는 것을 지적하고 있다.[13)]

또한 이와 같이 인간과 삼림과의 순환계에 근거하여 유지, 관리, 이용되어 온 삼림이 방치된 결과, 생태계 측면 및 다면적 기능 "생물다양성 보전기능, 지구환경 보전, 토사재해 방지기능/토양 보전기능, 수원함양 기능, 쾌적한 환경형성 기능, 보건·휴양 기능, 문화 기능, 물질생산 기능(표 1)"의 고도 발휘상의 측면과 안전이나 경관의 측면에서도 삼림이 가진 다양한 기능이 서서히 열악해지고 있다는 지적이 있다.[14)]

〈표 1〉 삼림이 가지고 있는 다면적 기능 일람

① 생물다양성보전 유전자보전 생물종보전 ; 식물종보전, 생물종보전, 균류보전 생태계보전 ; 하천생태계보전, 연안생태계보전
② 지구환경보전 지구온난화의 완화 ; 이산화탄소 흡수, 화석연료 대체 에너지 지구기상시스템의 안전화
③ 토사재해방지기능/토양보전기능 표면침식방지 표층붕괴방지 기타 토사재해방지 ; 낙석방지, 토석류발생방지·정지촉진, 비사방지 토사유출방지 토양보전(삼림의 생산력유지) 기타 자연재해방지기능 ; 눈사태 방지, 방풍, 방설, 방조 등
④ 수원함양기능 홍수완화, 수자원저수, 수량조절, 수질정화
⑤ 쾌적한 환경 형성기능 기후완화 ; 여름철 기온 저하(겨울철 기온 상승), 나무그늘 대기정화 ; 먼지흡입, 오염물질 흡수 쾌적 생활환경 형성 ; 소음방지, 어메니티
⑥ 보건·휴양 기능 요양 ; 재활 보양 ; 휴양(휴식·재충전), 산책, 삼림욕 레크리에이션 ; 행락, 스포츠, 낚시
⑦ 문화기능 경관(풍경)·풍치 학습, 교육생산 ; 생산·노동체험의 장, 자연인식, 자연과의 만남의 장 종교·제례 전통문화 ; 지역의 다양성 유지(풍토 형성)
⑧ 물질생산기능 목재 ; 연료재, 건축재, 목제품 원료, 펄프 원료 식량, 비료, 사료, 약품 및 기타 공업 원료, 녹화재료, 관상용 식물, 공예재료

일본학술회의 : 지구환경·인간생활에 걸친 농업 및 산림의 다면적 기능의 평가에 대하여, 103pp, 2001.

1. 장기적 목재가격의 침체

삼림에서 적극적인 시업이 되지 않게 된 이유 가운데 하나는 장기적인 목재가격의 정체를 들 수 있다. 일본에서는 삼림시책이 임업에 중점을 둔 필요성으로부터 목재생산 기능의 발휘를 중심으로 추진되어 왔으나, 외재수입 자유화 이후 일본의 목재자급률은 30%정도(그림 12)로 수입재에 밀린 경위가 있다.[15)]

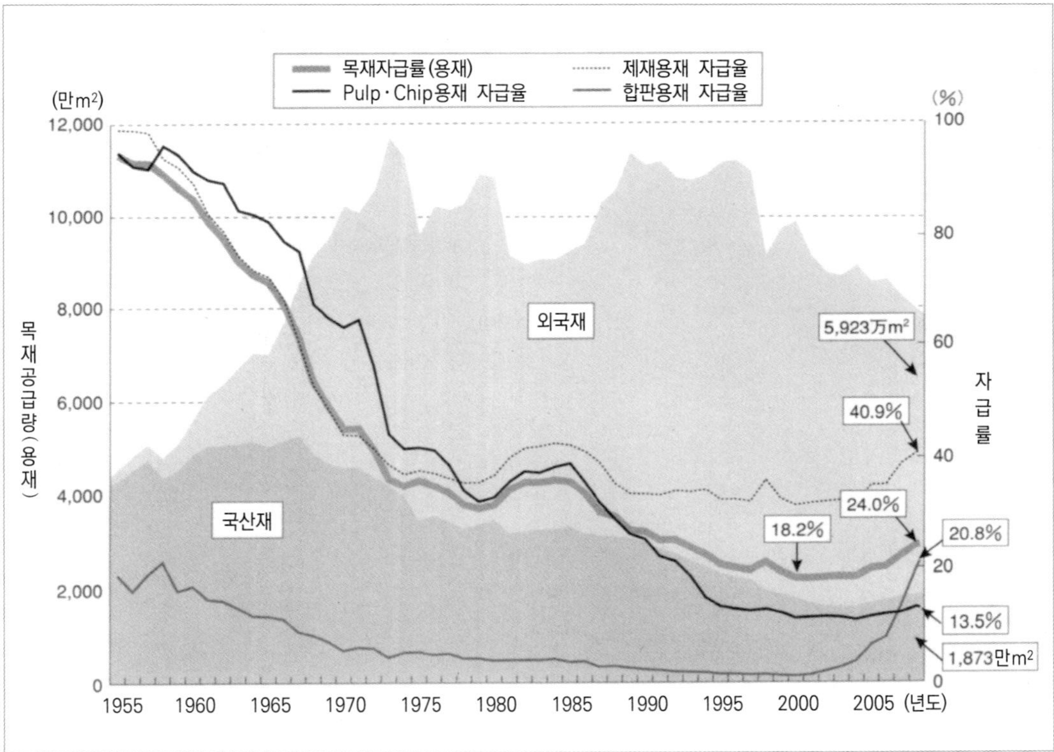

〈그림 12〉 일본의 목재수요량(용재)의 추이

임야청: 삼림·임업백서 2008년판, 일본임업협회, 동경, 254pp, 2009.

임야청「목재수급표」

예를 들어 국내 임업의 채산성에 대해 인공림 면적의 약 4할을 차지하는 삼나무는 피크였던 1980년과 비교한 경우 계속 목재가격은 하락하고 원목의 매출에서 생산비·운재비를 뺀 조수입은 약 2할 정도까지 감소하였다(그림 13). 이와 같은 목재가격의 하락은 많은 임가에게 임업활동에 대한 의욕 감퇴와 벌목, 간벌, 갱신 등 시업의 장기화와 지연을 초래했다. 특히 간벌지연으로 자연적으로 도태되기 어려운 침엽수 인공림은 재해 등에 취약한 과밀하고 가늘고 긴 임목집단을 형성하게 되었다고 할 수 있다.

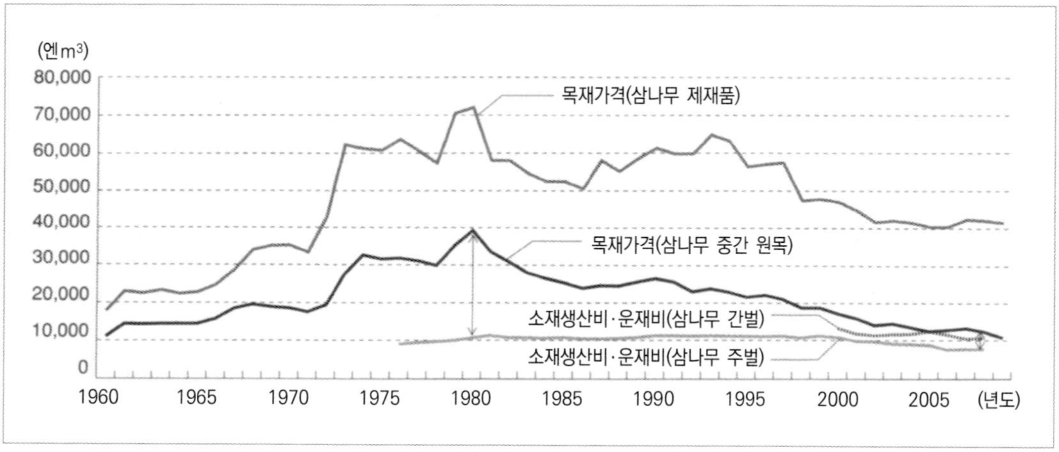

〈그림 13〉 목재가격과 소재생산비 등의 추이

임야청: 삼림·임업백서 2008년판, 일본임업협회, 동경, 254pp, 2009.
농림수산성「목재가격」, 임야청 업무자료

이와 같이 사람의 손길이 닿지 않는 삼림, 특히 인공림에서는 다면적 기능의 저하를 초래하고 산사태나 수원함양기능, 생물다양성 보전기능의 저하 등 유·무형의 형태로 우리 생활에 나쁜 영향을 미친다는 점이 지적되고 있다.[15] 그러나 현재 상황을 수수방관하고 있을 뿐만 아니라 임업 이외의 방법으로도 삼림의 이용·활용을 통해 어떠한 방

법으로든 삼림을 적절히 관리하는 수단에 대해 한층 더 생각해가는 자세가 요구되고 있다.[16)]

2. 임업종사자의 부족 및 고령화

임업이 쇠퇴하는 것과 동시에 임업에 종사하는 사람들의 감소 및 고령화가 현저해지고 있다. 1975년에 임업취업자는 18만 명 정도였으나 2005년에는 5만 명 정도까지 감소하고 있다. 또한 65세 이상의 고령화률은 1975년 7%정도였으나 20년 전쯤부터 급격하게 고령화가 진행되어 2005년에는 26% 정도까지 이르고 있다. 임업종사자의 고령화 추세는 전체 산업의 고령화율과 비교해보면 명확히 알 수 있으며, 2005년에 전 산업이 9%정도였던 것에서도 상황의 어려움을 읽을 수 있다(그림 14).

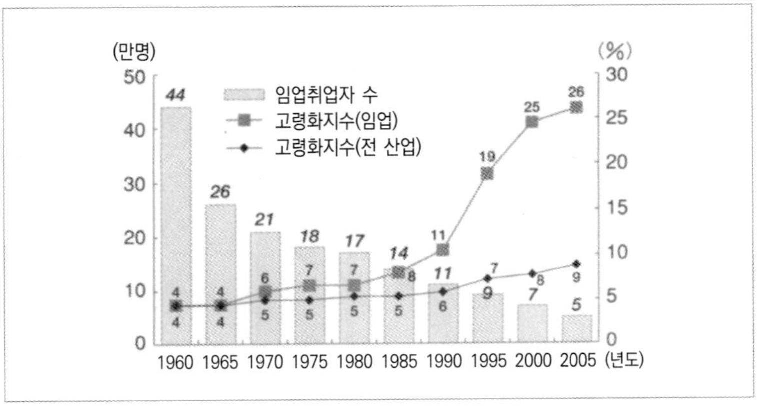

〈그림 14〉 임업취업자 수 및 고령화비율의 추이

㈜ 고령화지수는 총 수에서 차지하는 65세 이상의 비율

임야청: 삼림·임업백서 2007년판, 일본임업협회, 244pp, 2008을 일부 개정하여 작성

또한, 향후 전망에 대해서도 관동(関東) 등 일부 지역을 제외하고 2000년 대비 2030년까지 임업작업자의 수는 감소할 것으로 예측되는 등 앞으로의 전망도 결코 밝은 것은 아니다(그림 15).

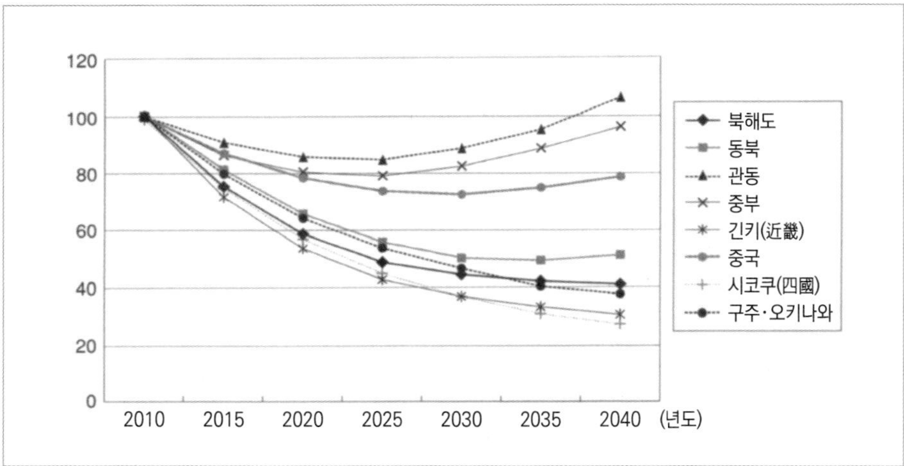

〈그림 15〉 지방별 임업작업자 수의 장래 추이(2010년 = 100으로 한 경우)

삼림총합연구소 : 삼림·임업의 자원적, 사회경제적, 장기전망 수법의 개발, 삼림총합연구소, 104pp, 2006.

그러나 이런 가운데에서도 특히, 젊은 사람들을 중심으로 임업을 자연 속에서 일할 수 있는 직장으로 만족하는 경향이 있으며 정부 고용정책의 뒷받침으로 2003~2008년 신규 임업취업자 수는 다른 산업으로부터 이직자 등을 중심으로 1994~2002년에 약 1.8배 정도로 증가하였다.[17] 이것은 임업종사자 전체적으로는 고령화 등의 이유로 감소하고 있으나, 한편으로는 임업종사자 연령이 젊어지고 있다는 것을 의미하고 있다. 향후에는 고령 세대의 경험이나 지식과 젊은 세대의 지혜나 정보가 새로운 활력을 만들어 임업 및 지역의 활성화로 연결될 것으로 기대된다.

3. 산촌의 황폐화

산촌진흥법이라는 법규에 따라 2009년 전국 시정촌의 약 4할에 해당하는 746시정촌(市町村)이 진흥산촌으로 지정되어 있다. 그 구역은 국토면적의 5할, 삼림면적의 6할을 차지하고 있다.[15] 진흥산촌 면적의 약 9할은 삼림이 차지하고 있으며 정리되어 있는 평지는 적고 평야에 비해서 지리적 조건이 까다로우며 또한 산업에서도 농업과 임업 등 일차 산업에 의존하는 비중이 높은 것이 특징적이다.

산촌의 조건은 개선되었으나 도로, 상하수도, 정보 서비스 등의 생활환경 기반은 전국 수준과 비교할 때 여전히 낮은 수준이라고 할 수 있다. 또한 동사무소나 의료기관, 슈퍼마켓 등의 생활 관련시설이나 학교·도서관 등의 교육시설이 거주지에서 떨어져 있는 경우가 많아 도시지역에 비하면 편리한 생활환경이라고는 말할 수 없다. 더불어 기간산업인 농림업 쇠퇴의 영향을 받아 고도경제성장 이래, 젊은이를 중심으로 한 인구의 유출이 심하여 과소화와 고령화가 동시에 급속히 진행되고 있다. 이로 인해 현재의 진흥산촌의 인구는 전국의 약 3%정도 수준이며 65세 이상 고령자 비율 또한 31%로 전국 평균인 20%의 약 1.5배의 높은 수준이다.[15]

이러한 과소화 및 고령화가 더욱 진행되면 산촌 마을의 취락기능 저하 혹은 마을 자체가 사라질 수도 있다(그림 16). 실제로 소멸한 취락의 삼림·임지의 관리 상황을 살펴보면 그 36%가 방치된 상태에 있는 것이 보고되고 있다(그림 17). 이와 같이 산촌의 과소화 및 고령화의 진행은 적정한 관리나 정비가 이루어지지 않는 삼림을 증가시키는 것부터 숲이 가지는 다면적 기능의 발휘에 영향을 미치는 위험성을 높이는 것까지 영향을 미친다고 할 수 있을 것이다.[18] 이것을 완화 혹은 피하기 위해서는 삼림 및 임업에 관련되는 사람이 산촌에 정주하여 삼림을 직장으로서 어떠한 생활의 양식을 얻을 수 있도록 하는 것이 필요하다.[19)]

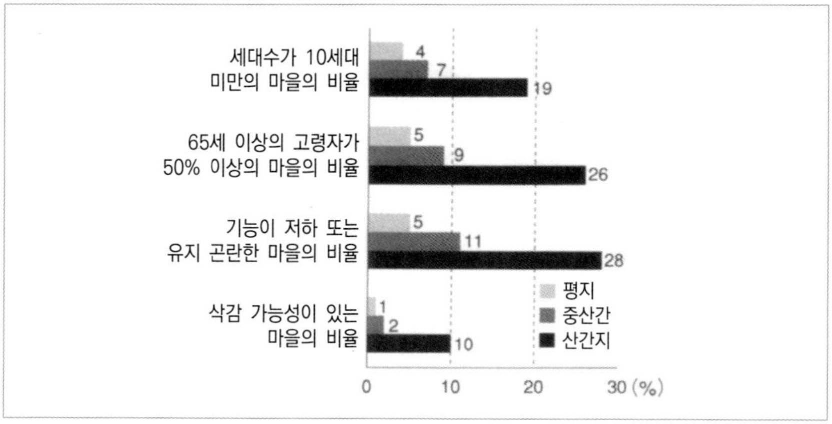

〈그림 16〉 과소지역 등 마을의 상황

총무성 및 국토교통성「국토형성계획 책정을 위한 마을 상황에 관한 현황 파악 조사」(2007년 8월 공표)
주) 산간지; 임야율이 80% 이상의 마을
중간지; 산간지와 평지의 중간에 있는 마을
평지; 임야율이 50% 미만이며 경작율이 20% 이상의 마을
임야청; 삼림·임업백서 2009년판, 일본임업협회, 동경, p254, 2009.

그 하나의 처방으로서 도시와의 교류를 통한 삼림 및 지역의 재생이 실시되는 몇몇 지역의 예가 있다. 그곳은 자연을 즐기고 슬로우 라이프를 체험을 원하며 산촌 고유의 음식문화와 전통문화를 접하고자 하는 도시 주민의 요구에 부응하여 산촌과 도시지역과의 적극적인 교류가 도모되고 있다. 이러한 교류에 의하여 도시 주민이 건강하고 여유 있는 생활을 실현함과 동시에 산촌이나 삼림·임업 등에 대한 이해와 관심을 깊게 가질 수 있도록 하고 있으며, 결과적으로 버섯이나 산나물 등의 특용 임산물 등의 농산물 판매에 의한 수입의 기회, 숙박시설이나 판매 시설 등의 고용에 의한 취업 기회의 증대로 이어지고 있다. 또한 이러한 교류를 통해 지역 주민들이 자신이 생활하는 지역에 대해 재인식할 수 있는 좋은 기회라고 보고되고 있다.[15]

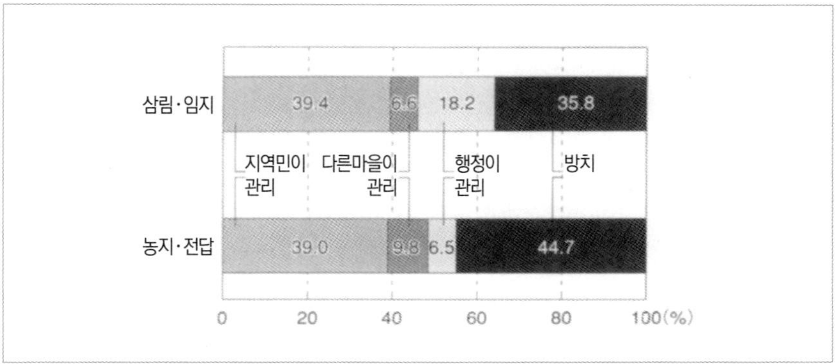

〈그림 17〉 삼림·농지의 관리 주체의 비율

총무성 및 국토교통성 「국토형성계획 책정을 위한 마을 상황에 관한 현황 파악 조사」 (2007년 8월 공표)

임야청; 삼림·임업백서 2009년판, 일본임업협회, 동경, p254, 2009.

4. 삼림의 다면적 기능의 발휘와 그 효능

앞에서 소개한 것처럼 삼림은 목재의 생산기능 외에도 다면적 기능으로 불리는 우리 생활과 많은 관련이 있는 유무형의 기능을 가지고 있다. 그 다면적 기능으로 받은 편익의 경제적 평가를 실시하면 이산화탄소 흡수 기능은 12,391억 엔, 홍수 완화 기능은 64,686억 엔, 수질 정화 기능은 128,130억 엔으로 계산되는 등 우리의 생활은 직접적 또는 간접적으로 삼림에서 매우 큰 편익을 받고 있는 것으로 알려져 있다.[20] 또한 2011년 3월 현재, 삼림시책 측면에서 임야청이 정한 삼림·임업기본계획에 의해 전국의 삼림은 그 발휘해야 할 기능별로 크게 3개(자원순환 이용림, 수토보전림(水土保全林),

숲과 사람과의 공생림)로 구분되어 있다(그림 18). 여기에서 자원순환이용림은 주로 임업·임산업에 있어서 목재나 바이오매스를 순환적으로 생산하는 기능을 발휘하는 삼림을 의미하고 있다. 또한 수토보전림은 예를 들면 태풍, 호우 등에 의한 산사태, 토석류 등의 산지재해나 홍수 등을 방지하는 데 있어서도 중요한 역할을 하며 수원을 함양하는 등 쾌적하고 안전한 국민생활을 지탱하는 기반이 되는 기능을 주로 발휘할 것이 기대되는 삼림이다(그림 19). 숲과 사람과의 공생림이란 주로 생활환경 보전기능 또는 보건문화기능을 중시하는 삼림이며 적절한 임분으로 구성된 삼림의 조성과 유지를 도모한다는 관점에서 천연림 혹은 활엽수림의 유지·확대를 중심으로 관리가 계획되고 있는 삼림을 의미한다.

그 삼림의 다면적 기능 가운데 요즈음 특히 급속히 국민의 요구가 높아지고 있는 기능으로서 삼림의 보건 휴양기능을 들 수 있다. 내각부의 조사에 따르면 보건휴양기능에 대한 국민의 기대가 높아지고 있는 것이 밝혀지고 있다(그림 20).

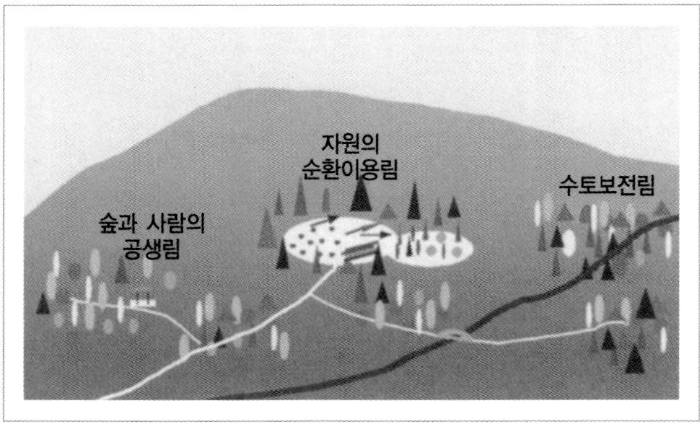

〈그림 18〉 삼림이 가지고 있는 다면적 기능을 총합적으로 발휘시키기 위한 3구분

㈜ 2011년 7월로 신구분(7구분)에서 변경되었다.

내각부오키나와총합사무국 농림수산부자료를 참고하여 작성

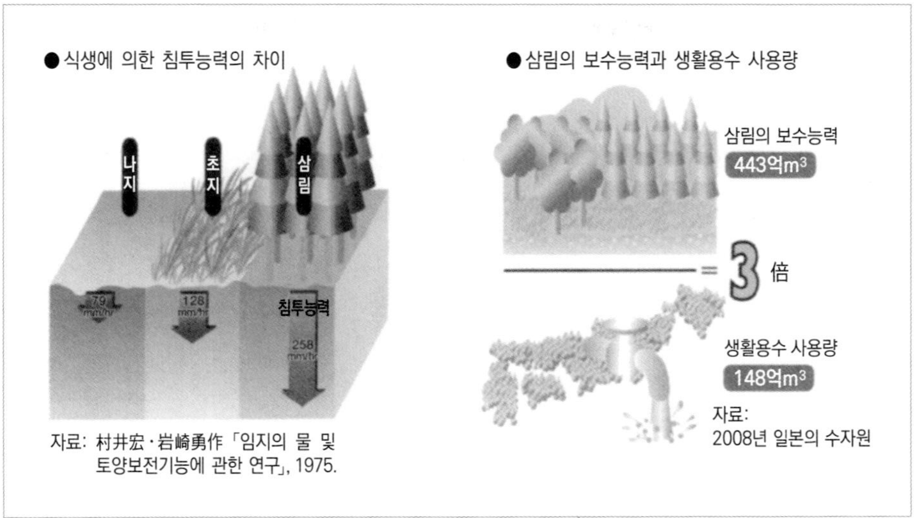

〈그림 19〉 삼림과 나지의 유출량(Hydro Graph)

임야청 업무자료

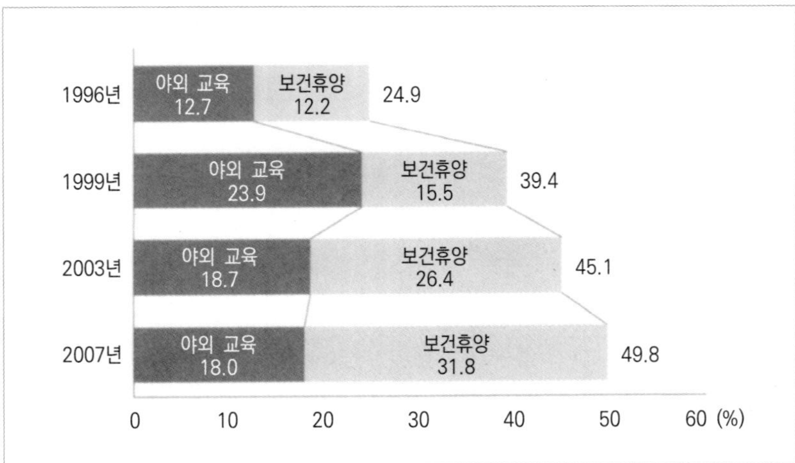

〈그림 20〉 삼림에 기대하는 역할 - 야외교육, 보건휴양(여론조사)

자료 : 내각부(內閣府) 「여론조사」 임야청 업무자료

5. 지역 활성화 자원으로서의 삼림욕

삼림욕을 지역 활성화 자원으로써 활용코자하는 이유로 도시환경에서 사는 사람들의 생물학적 메커니즘에 기인한 욕구를 들 수 있다. 즉, 인공 환경에서 오랜 시간 구속됨으로써 발생하는 심신의 스트레스와 더불어 현재의 복잡한 사회·경제적 정세에서 생활습관병이나 우울증 등이 세대를 불문하고 만연될 위험성이 높아지고 있다. 결과적으로 삼림에 보건 휴양적 역할이나 어메니티를 기대하는 국민이 증가하고 있으며, 이러한 상황을 촉진하고 있는 것이라고 생각된다.[21)]

전통적으로 일본에서는 삼림은 신성 또는 수행의 장소, 혹은 목재·연료 등의 자원의 공급원이었지만 일반적으로 여가를 위해서 삼림에 들어가는 풍습은 없었다. 그러나 미국인과 유럽인들의 생활에는 산책이나 캠프에 의한 삼림 내에서의 여가 활동, 이른바 삼림 레크리에이션이 일상생활 속에 녹아져 있었다. 즉, 삼림이 생활의 터전으로서 활용되고 있다고 말할 수 있을 것이다. 특히 독일의 경우, 사람들은 일상적인 이용뿐만 아니라 전통적으로 크나이프 요법이라는 요양 치료를 실천하는 장소의 하나로 설정하는 등 의료 목적으로 숲을 활용하고 있다.

일본에서도 숲과 사람과의 공생림을 시작으로 삼림에 대한 보건휴양적인 이용에 대한 기대가 높아지고 있기 때문에 이러한 최근의 상황을 호기로 간주하고 목재생산 이외의 삼림의 가치를 사람들에게 인식시켜 삼림 레크리에이션 등을 실천하는 장소로서 재차 삼림을 생활권의 일부로서 활용해 가는 것을 목표로 할 필요가 있다고 생각한다. 이러한 대처는 국민 전반으로, 더불어 더 풍부하고 건강한 생활을 보낼 기회·장소를 제공하는 것이다. 그 뿐만 아니라 도시지역에서 삼림율이 높은 지방으로의 새로운 교류 인구의 증가가 기대된다. 따라서 지역의 열의와 삼림자원이 잘 조합되면 지역경제의 활성화나 지역에의 정주를 촉구하는 장치가 될 가능성도 충분히 기대할 수 있을 것이다.

이와 같이 사회·경제적인 문제, 의료비 급등의 문제, 농산촌 지역의 피폐화 문제 등 여러 가지 문제를 복합적으로 완화하는 수단으로서 삼림환경의 보건휴양적인 이용을 적극적으로 진행하는 것은 매우 유의미하다고 생각된다. 그러나 그것을 원활히 행하기 위해서는 우선, 체험의 장소인 삼림의 환경정비나 지역의 수용체제 구축이 불가결하다.

또한 가능한 리스크를 줄이고 지역의 특색을 살려 합리적인 계획을 실천해 나가려면 지금까지 실제로 선구적인 시도를 하고 있는 사례를 분석하여 그 사회·경제적 기능이나 보건 휴양기능의 효과를 객관적이고 과학적으로 검증하기 위한 대처가 필요하게 될 것이라고 생각된다.

D 보완·대체요법으로서의 삼림욕

지금까지 논의한 것처럼 먼저 사회·경제적인 문제로 인한 의료비 억제가 급선무이며 근본적인 해결책이 요구되고 있다. 그러나 이러한 종류의 문제가 항상 그렇듯이 특효약이 되는 처방전은 아직 발견되지 않았다.

한편, 치솟는 의료비의 주요인의 하나인 생활습관병에 유래하는 질환에 대해서는 현대 서양의학의 효과는 제한적이라고 생각하는 경향도 있다. 이것은 서양의학의 장점으로 하는 것이나 발생된 질환이나 문제를 대처적 또는 근원적으로 제거하는 것이며 문제가 표면화된 후의 조치에 대해서는 이득이겠지만 일상적인 예방과 방제에는 큰 주안점을 두지 않는 것처럼 생각되는 것에 유래한다. 또한 원인이 밝혀지지 않은 복잡한 발병 요인을 가진 만성 질환, 스트레스 등 정신적인 요소가 반영되는 질환, 재발성 질환 등 서양의학이 잘 고치지 못하는 질환도 많이 존재한다.[22] 즉 생활습관병 등 질환의 예방과 방제를 목적으로 한 예방의학에 대해서 생각할 경우에는 서양의학뿐만 아니라 대안적인 의료를 모색하고, 그것이 보완 또는 대체적으로 적용함으로써 환자 수를 대폭 줄일 수 있을지도 모른다.[23] 그런 관점에서 지금까지도 다양한 보완 대체요법이 제안되고 있다(표 2).

또한 보완의료에 있어서 녹지환경의 이용이 효과적으로 작용하였던 점이 다양한 연구에서 나타나고 있다.[23), 24] 예를 들면 Mitchell[25] 등의 보고를 들 수 있다.

일반적으로 가난한 지역에서는 건강 상태가 나쁘고 사망률이 높다는 건강 격차가 있지만 2001년부터 5년간 사망한 약 37만 명의 데이터를 대상으로 거주지역의 녹지와 관련을 조사한 결과, 녹지지역 근처에 사는 것만으로도 경제 격차의 차이에 의해서 생기는 건강 격차가 줄었다는 것, 또한 녹지가 많은 지역에 사는 경우에 건강 격차를 상당히 감소시킬 가능성을 시사하고 있다.

이상의 것으로 알 수 있는 것은 미기후의 변화가 많고 다양한 생태계를 가지며 풍부한 삼림면적을 가진 일본에서 녹지 환경의 하나로서 삼림을 보완 대체요법의 장으로 활용하기 위한 연구가 다른 나라에 앞서서 생긴 것도 당연한 흐름이 있었는지 모른다.

〈표 2〉 보완·대체의료의 종류

민간의료 등 계통적 의료	한방, 침, 티벳의료, Yunani의료, 아라비아의료, 기타 각국의 민족요법, 자연치유법, 자연요법, 인지요법
식사·Herb 요법	영양보조식품, 절식요법, 꽃요법, Herb요법, 장수식, 채식주의, 메가비타민요법, Macrobiotic
마음을 진정시켜 체력을 회복시키는 요법	바이오피드백, 체면요법, 명상요법, relaxation, 이미지요법, 점진적 근이완요법
체력을 움직여 건강을 도모하는 요법	태극권, 요가, 운동요법, 댐스테라피, 삼림테라피(크나이프요법)
동물이나 식물을 키우면서 안락을 얻는 요법	동물테라피, 돌고래요법, 말요법, 원예요법
감각을 통해서 보다 건강하게 되는 요법	아로마테라피, 예술요법, 회화요법, humor테라피, 광요법, 음악요법
물리적 자극을 이용한 요법	온천요법, 자극요법, 전자요법
외부의 힘으로 건강을 회복시키는 치료법	지압, Chiropractic, 마사지, reflexology, Osteopathy, Therapeutic Touch(치료적 접촉)
환경을 이용한 치료법	삼림테라피, 스파(spa)테라피(온열요법), Thalassa테라피(해양요법)
종교적 치료법	crystal요법, 신앙요법, 샤머니즘

今西純一, 今西二郎 : 보완·대체요법으로서 녹지환경의 이용, 환경정보과학, 35(4), p31-36, 2007에 의해 허가를 얻어 게재

제❷장

과거증거에서 본 삼림욕의 스트레스 감소 효과

A 해외의 연구 성과

의외라고 생각할지 모르겠지만, 해외에서는 삼림욕에 대한 과학적인 연구는 그다지 진행되지 않았다고 말할 수 있을 것 같다. 그 이유의 하나로 유럽과 미국은 삼림과 생활의 심리적 거리가 가깝고 삼림을 일상적으로 산책하며 레크리에이션을 실시하는 장소로서 인식하고 있기 때문에 재차 과학적으로 효과를 검증할 필요가 없었을 것이다. 그러나 최근, 일본과 거의 같은 삼림을 가지고 있으며 숲의 나라로 불리는 핀란드[26) 등 북유럽 국가들이나 급속한 고령화와 의료비 문제에 시달리는 한국[27)]에서 다양한 연구들이 이루어지고 있다. 그러나 그러한 나라에서는 신체적(생리·의학적)인 효과에 대한 검증시도들이 이제 막 시작되었다. 또한 심리적인 효과에 대해서도 독자적인 조사표를 이용하며 삼림 산책 전후로 얻은 심리적인 효과를 조사하는 고전적인 조사를 기초로 한 역학적인 연구가 중심이다. 즉, 적어도 현시점에서는 삼림욕의 과학적 해명에 관해서는 일본 내의 연구가 세계의 최첨단을 담당하고 있다고 해도 좋다고 생각한다.

그러나 삼림욕의 효과나 그것을 유발하는 요인에 대해 과학적으로 밝히겠다는 정책·연구적 기대가 상기의 2개국 이외에도 유럽 및 아시아를 중심으로 높아지고 있다. 그런 움직임을 배경으로 2007년 IUFRO(International Union of Forestry Research Organization 국제삼림연구기관연합) 국제회의에서 Forests and Human Health의 전문위원회가 구성되었다. 또한 2010년 8월에 개최된 IUFRO세계 대회에서는 8개의 주제 가운데 하나로 거론될 정도로 고조되었다. 국제 간 삼림욕 효과 비교를 목적으로 2011년 1월부터 독립행정법인 일본 학술진흥회와 핀란드의 과학아카데미의 지원으로 일본의 독립행정법인 삼림총합연구소*와 핀란드 삼림연구소(METLA)는 인종이나 환경의 차이를 뛰어넘어 양국에서 공동으로 삼림욕이 심신에 미치는 영향을 알아보려는 노력이 시작되었다. 이와 같이 삼림욕의 효과를 과학적으로 해명하려고 하는 연구는 세계적인 동향이 되고 있다고 말할 수 있다. 그 중심에 일본이 있는 것은 광대한 삼림면적을 가지는 나라로서 매우 기쁜 일이라고 생각된다.

B 국내의 연구 성과

1. 생리·의학적 접근에 의한 신체적 효과의 연구 성과

최근에 이뤄진 대규모의 실험에 의해 삼림욕에 따른 신체적인 효과가 명확해지고 있으나, 그 이전인 90년대에도 삼림욕의 생리적인 효과에 대해서 조사되었으며 연구사례 또한 몇 가지 확인할 수 있다. 예를 들면 미야자키(宮崎)[28] 등은 야쿠시마(屋久島)에서 5명의 피험자를 대상으로 삼림욕 실험을 한 그 결과, 타액 중 코르티솔 농도가 실험실에 비교하여 삼림욕에서는 낮다는 것을 명확히 밝혔다. 또한 Ohtsuka 등[29]은 인슐린 비의존성 당뇨병** 환자 87명을 피험자로 하여 삼림욕의 신체적 효과를 조사하였다. 구체적으로 살펴보면 삼림욕(3 km 또는 6 km의 보행)을 하고 그 전후로 혈당치를 비교한 결과, 혈당치가 평균 179 mg/dL에서 108 mg/dL로 유의하게 낮아진 것으로 나타났다. 이어 오다이라(大平)[30] 등은 20명을 피험자로 하여 삼림에서 8시간 체재한 전·후를

* 일본의 임업 연구기관이며 우리나라의 경우 국립산림과학원에 해당

** 내분비, 영양 및 대사 질환(당뇨병)

비교하여 NK세포 활성과 면역 글로블린 A, G, M 농도가 유의하게 상승한 것을 보고하였다.

그러나 90년대에 실행한 초기 연구에서는 피험자 수나 현장실험상 문제를 지적할 수 있다. 예를 들면 ① 실험일의 기후가 통제되지 않았으며 그 영향에 따라 결과가 좌우되었을 가능성이 있으며, ② 생리적인 측정 방법도 현재와 같이 진보되지 않고 현장에서 좋은 데이터를 대량으로 얻기 어려웠던 점 등이 과제로 부상되었다.

이러한 점을 개선하여 삼림테라피기지* 프로젝트의 조사·연구에서는 삼림총합연구소 등을 중심으로 2005년도부터 2010년도까지 총 42곳에서 삼림욕의 생리적 효과 실험을 실시하였다. 모든 실험지에서 삼림욕의 신체적 릴렉스 효과·스트레스 완화 효과에 대해서 생리지표 중 몇 가지에서 유의차가 확인되었다. 박[31] 등이 심박 변이도를 조사한 결과, 삼림욕 후에 부교감 신경 활동이 유의하게 증가하는 것이 보고되었다. 또한 恒次[32] 등 및 Tsunetsugu[33] 등은 도시환경과 비교하여 삼림환경에서는 수축기 혈압, 이완기 혈압, 맥박수, 타액 중 코르티솔 농도가 유의하게 낮아진다는 결과를 보고하였다. 이러한 결과를 정리하여 박범진[34] 등은 2005～2006년도에 24곳의 삼림 및 도시에서 280명 정도의 피험자를 대상으로 취득한 데이터에 대해서 더 통합적으로 분석하였다. 이에 따르면 해석한 모든 지표: 수축기 혈압, 이완기 혈압, 맥박수, 심박변이도, HF성분(부교감 신경계 활동지표), LF/HF 성분(교감 신경계 활동지표), 타액 중 코르티솔 농도에서 삼림환경과 도시환경 사이에 유의차가 인정되었고 모든 항목이 삼림욕의 효과를 뒷받침하였다.

---

* 일본 산림치유의 숲에 대한 표현

한편 삼림욕의 의학적 효과 연구로서 도내 대기업 등에 근무하는 35~56세의 남성 사원을 피험자로 한 Li 등[35)]의 연구가 있다. 나가노현(長野県) 아게마쯔(上松町)의 삼림 테라피 로드를 낮에 천천히 산책하고 2박 3일간 체재하는 동안의 면역능력의 효과를 조사하였다. 그 결과, 도쿄에 있을 때보다 NK세포 활성이 높아짐과 동시에 NK세포에서 방출되는 3종류의 항암 단백질, 퍼포린·그란자임·그라뉴라이신이 모두 증가하였고 생체의 항암 능력도 높아졌다는 것이 명확해졌다. 또한 삼림욕 1주일 후에도 NK활성은 45% 가량 높게 유지되었고 1개월 후에도 23%나 높은 것으로 나타나 면역 능력효과의 지속성에 대해서도 명확하게 하였다. 또한 많은 연구가 남성을 대상으로 실험을 수행하였으나, Li 등[36)]은 도쿄 도내의 대학부속병원에 근무하는 여성간호사를 피험자로 하여 나가노현(長野県) 시나노마치(信濃町)의 삼림테라피 로드에서 위의 경우처럼 2박 3일의 삼림욕 실험을 실시하였다. 암세포와 바이러스를 죽이는 NK세포 활성, NK세포가 방출하는 항암 단백질의 정도, 휴식 상태에서 감소하는 소변 내 아드레날린 등을 측정한 결과, 면역 능력은 삼림욕 첫날과 2일째 및 7일 후에도 삼림욕 전보다 NK활성이 유의하게 높았으며 여성피험자의 경우에도 면역 능력이 상승되고 지속 효과가 나타났다. 또한 피험자의 부교감 신경이 우위인 상태에서는 아드레날린 농도가 낮아지며 삼림욕을 통해 소변 내 아드레날린 농도가 감소하는 것을 밝혀내어 삼림욕을 통해 스트레스가 감소된 것을 실제로 증명하였다.

이처럼 최근 우리의 일상 생활권인 도시환경과 삼림환경을 비교하여 삼림욕의 신체적인 효과를 명확하게 하는 움직임이 급속하게 실행되고 있다. 그런가하면 향후 삼림욕에서 제공하는 프로그램이나 삼림환경을 다양한 배경이나 감성, 동기를 가진 각각의 이용자에게 보다 적절하고 효과적으로 제공해 나가기 위해서 이용자측의 변동요인, 예를 들면 삼림에 대한 선호경향이나 성격특성이 삼림욕의 신체적인 효과에 어떤 영향을 주고 있는지와 같은 임의의 특성을 가진 집단-환경의 인과관계 유무나 정도에 대한 연구의 등장이 기다려진다. 또한 사람을 개별 군으로 분류하여 환경과의 관계를 조사할 경우에는 물론 생리·의학 자료는 신체적인 증거도 중요하지만, 삼림환경을 계획·구상한다고 하는 의미에 있어서는 언어화가 가능하여 구체적인 판단 재료가 될 수 있는 심리적 증거의 유용성이 보다 높다고 생각된다.

2. 심리적 접근에 의한 심리적 효과의 연구 성과

이러한 점에 입각하여 생각해보면 심리적 증거는 매우 중요하다. 이에 삼림욕의 심리적인 효과에 초점을 맞춰 실시한 연구도 많이 볼 수 있다. 실제로 관련된 연구의 계보를 보면 심리적 효과에 대한 연구가 신체적인 데이터를 다룬 연구보다 쉽게 접근할 수 있었으며,[37] 현장에서의 조사도 생리·의학적 조사보다 먼저 실행되었던 것 같다.[38]

또한 삼림욕의 심리적 효과를 조사한 연구는 크게 2가지로 접근되었다. 우선 삼림욕의 전후로 기분상태가 어떻게 변화하였는지 또는 불안상태의 변화를 조사하는 방법으로 오감을 통해서 느낀 삼림환경의 심리적 작용의 특성이나 크기를 측정하고자 하는 접근이다. 다음으로는 피험자가 삼림 내에서 체험하는 삼림환경을 어떻게 느끼고 있었는가를 조사하는 방법으로 쾌적감 등 직접적인 효과를 의미하는 평가뿐만이 아니라 신체적 및 심리적인 효과를 주는 삼림의 환경요소를 구체적인 의미척도에 대한 평가를 실시하여 삼림환경에 대한 피험자의 심리를 파악하고자 하는 접근 방법이다.

전자의 주요 측정수단으로 기분상태검사지(Profile of Mood Status; POMS)나 상태-특성 불안검사(State-Trait Anxiety Inventory; STAI)가 사용되는 경우가 많다. 또한 후자의 측정수단으로 사용이 편리하도록 Osgood(상세한 것은 岩下(이와시타)[39]를 참조)에 의해서 개발된 SD법(Semantic Differential Method; 의미분화법)을 삼림환경 평가에 적절한 형용사를 이용해 다시 만든 조사표가 이용되는 경우가 많다고 말할 수 있다.

또한 삼림욕의 연구에서 전자의 접근에 준해 현장에서의 심리적 접근으로 그 효과가 검증된 연구는 생리적 측정과 동일하게 오다이라(大平)[30]의 연구가 초기의 대표적 예라고 말할 수 있다. 오다이라(大平) 등은 단기성의 심리적 변동에 있어서 삼림욕의 효과가 없었으며, 삼림욕의 효과가 현 시점에서 받는 스트레스에 대한 반응이라기보다는 적어도 하루 단위로 완화된다는 것을 지적하였다. 그러나 이것은 삼림환경에서의 실험 당일의 날씨가 좋지 않으며, 기온도 낮은 조건에서 행해진 연구이며 실험의 설정 등에 과제가 남아 있었다고 말할 수 있다. 그 후에 오이시(大石)[40], 이가와하라(井川原)[41], 綛谷[42] 등은 15분~60분 정도의 비교적 단시간의 삼림욕에도 심리적 스트레스 감소 효과가 있다는 것을 밝혔다.

더불어 효과의 지속성에 대해서는 Morita 등[43]이 500명의 피험자를 대상으로 삼림욕 직후와 일상생활에 돌아온 사후를 조사·비교한 연구가 있다. 그 외에도 삼림욕에 의해 심리적으로 안정되고 그 결과, 불안감이 감소되는 것이라는 가설에 근거한 지식과 견문으로서 馬場[44), 45] 등이 일련의 STAI을 이용한 연구가 있다. 피험자의 수가 적다는 등의 비판도 있지만 삼림욕에 의해 일시적인 불안상태(상태불안)가 개선되는 것을 나타냄으로써 삼림욕에 심리적인 효과가 있음을 시사한 연구이다.

여기까지 소개한 연구는 기본적으로는 삼림환경 내에서 실시되었으며 조사표에 의한 측정은 삼림욕의 전후로 행해진 것이 많았다고 말할 수 있다. 또한 일부는 생리적인 측정지표와 같이 사용하는 경우도 있었다.

한편, 신체적 효과를 조사한 접근법과 같이 우리가 일상적으로 생활하는 도시지역이나 다른 환경과 삼림환경을 비교하여 삼림욕의 심리적 효과를 밝히고자하는 연구도 있다. 예를 들어 다카야마(高山)[46], 認谷[47] 등은 도시환경과 삼림환경의 광(光)환경과 온열환경의 차이에 주목하여 삼림환경이 도시환경보다 심리적으로 시원하고 쾌적한 온열환경이며 광(光)환경에서도 환한 빛이 적어 눈에 편한 환경임을 밝힌 연구이다. 또한 낙엽활엽수림이나 상록침엽수림, 상록활엽수림 등 삼림환경의 종류(임상)에 따라 삼림욕의 심리적인 효과를 조사한 이기와라(井川原)[48] 등, 認谷 등[49]의 연구가 있으며, 그 연구들은 다른 환경보다 삼림환경이 높은 심리적 효과를 준다는 것을 밝혔고 그 중에서도 특히, 밝은 활엽수림의 효과가 높다고 하였다. 또한 성인뿐만 아니라 유아나 고령자를 대상으로 한 연구[50]도 있으며 각각 심리적인 효과가 있다는 것이 보고되고 있다.

이상과 같이 삼림욕의 심리적인 효과에 주목한 연구는 다방면으로 접근되고 있음을 알 수 있다. 그러나 어떤 성과든 피험자가 어떠한 범위에서 통제되고 있다는 점이 특징이다. 그 이유로서 지금까지는 기본적인 인간-삼림환경 관계의 원칙을 조사하는 것에 중점을 두어 왔다는 점을 들 수 있다. 그 때문에 만일 변수를 이용하더라도 연령이나 성별, 직업 등의 사회·인구통계학적인 요인으로 한정하는 것이 많았으며 기타 개인적·개별적인 특성을 고려하지 않았다는 점이다. 이와 같이 신체적인 연구와 마찬가지로 심리적인 연구에서도 모든 피험자를 대상으로 표준적인 피험자를 선정한 연구가 이루어져 왔다고 말할 수 있을 것이다.

3. 남은 과제

이와 같이 삼림욕에 관한 연구는 신체면·심리면에 의해 다양하게 행해지고 각각 성과를 얻고 있다고 말할 수 있다. 한편으로 해외보다 앞서 연구가 진행된 것으로 생각되는 일본의 삼림욕 연구이지만 향후 새로운 발전을 위해서는 몇 가지 과제를 지적할 수 있다.

먼저, 지금까지 행해진 연구는 삼림욕의 효과나 그 특징을 부각시키기 위하여 비교대상으로서 굳이 일상생활의 장소인 도시환경을 이용하는 것이 많았다. 그러나 만일 삼림욕의 효과가 환경을 바꾸는 것으로 인한 신체·심리가 편안해지는 전지효과와 유사한 것이라면 삼림환경이 아니라도 다른 해안이나 초원 등의 다른 자연환경 또는 농지 등의 2차적 자연환경, 혹은 인공적으로 삼림환경을 본뜬 시설 등에서도 같은 효과를 얻을 수 있는 것은 아닌가라는 의문에 대하여 삼림총합연구소에서는 연구 프로젝트를 추진하고 있으며 이를 밝히고 있다.

다음으로 일반적인 삼림환경은 수많은 요인에 의하여 여러 환경이 구성되어 있으며 대단히 복잡한 시스템이라는 것이다. 즉, 그때그때 똑같은 환경은 있을 수 없다. 그러나 같은 점은 그것을 이용하는 사람의 측면에 대해서도 말할 수 있다. 가령 완전히 동일한 삼림환경을 체험하였다고 하더라도 이용자 각자의 목적이나 이제까지의 개인적 경험 및 성격과 같은 특성, 삼림에 대한 흥미나 기호정도 등 개인의 여러 특성에 따라 받는 삼림욕의 효과에 차이가 생길 가능성을 지적하고 있다. 이 점에 대해서 恒次 등[51], 고야마(小山) 등[52] 그 부분을 지적하고 있으나 개인이 가진 여러 특성 자체가 매우 복잡하기 때문에 대체로 여러 특성 가운데 '무엇을' 대표적인 지표로서 생각하면

되는지 또는 삼림욕 효과와의 관계성을 어떻게 조사하면 좋은지에 관한 논의가 진전되지는 않았다. 물론 지금까지는 삼림욕의 효과 그 자체의 유무를 조사하여 과학적인 성과를 확인하는 것이 개인의 특성에 맞춘 삼림욕을 제공하고자 하는 현장의 움직임보다도 우선사항이었던 것도 큰 이유로 들 수 있을 것이다.

그러나 삼림욕의 신체적 효과 및 심리적 효과의 존재가 밝혀진 현재 다음의 단계로서 지금까지의 연구 결과를 어떻게 개개인의 요구나 여러 특성에 대응시켜, 어떻게 보다 효과적인 삼림욕을 가능하게 할지를 여러 계획에 반영시킬 수 있을까 라는 어려운 문제에 대응하는 연구의 필요성이 급속히 높아지고 있다고 말할 수 있을 것이다.

4. 삼림욕과 심신의 상관

이러한 과거의 연구를 되돌아보면서 본 책에서는 지금까지 행해져 온 의학·생리학적인 접근, 또는 심리학적인 접근에 추가하여 심신 건강과학(인간 몸과 마음의 유기적인 관련성을 과학적으로 해명하려고 하는 학문 영역)의 관점에 서서, 특히 심리적 효과에 주목하여 논의를 하고자 한다. 앞에서도 언급하였으나 여기서 심리적 효과에 주목하는 것은 실제 삼림욕에 관련된 프로그램이나 환경정비에는 심리적인 지식 및 정보는 해석이 용이하고 구상이나 계획에 반영하기 쉬우며, 현장 수준에서 매우 유용하다는 점, 개인 특성에 의한 분류에는 생리적인 차이의 측정 및 추출이 매우 곤란하다는 것을 판단하였기 때문이다. 즉, Cannon & Bard설(두려움이 일어난 후에 생리적 변화가 생긴다는 설)[53]을 채택하며, 먼저 마음의 상태를 알아야 신체적인 변화에 대해서도 예견한다는 것이다.

한편, 심신 건강과학에 있어서 key concept인 심신 상관(마음과 신체사이의 유기적 연관)에도 주목해야 할 것이다. 여기서 심신 상관은 혼동을 피하기 위해 앞에서 기술한 "마음의 상태를 아는 것으로 신체적 변화를 예견하다"라는 의미가 아니라 삼림 내 활동에 초점을 맞추어 "활동의 심리적 측면(정적인 활동인 앉아서 보는)과 신체적 측면(동적인 활동인 보행)의 2가지 측면에서 각각 활동별로 개인 특성이 삼림욕의 심리적 효과에 미치는 영향을 알아보기"라는 의미로 한정하여 말하고 싶다.

그림 21과 같이 이 책에서는 심신 상관을 key concept로 하고 심신 건강과학 접근으로 모방하여 개인 특성이 삼림욕의 심리적 효과에 미치는 영향을 심리(마음) 및 신체(몸)에 관련된 활동별로 조사함으로써 심리적인 건강상태의 유지 및 증진, 회복에 기여하고자 하는 선구적 시도를 행하고자 하는 것이다.

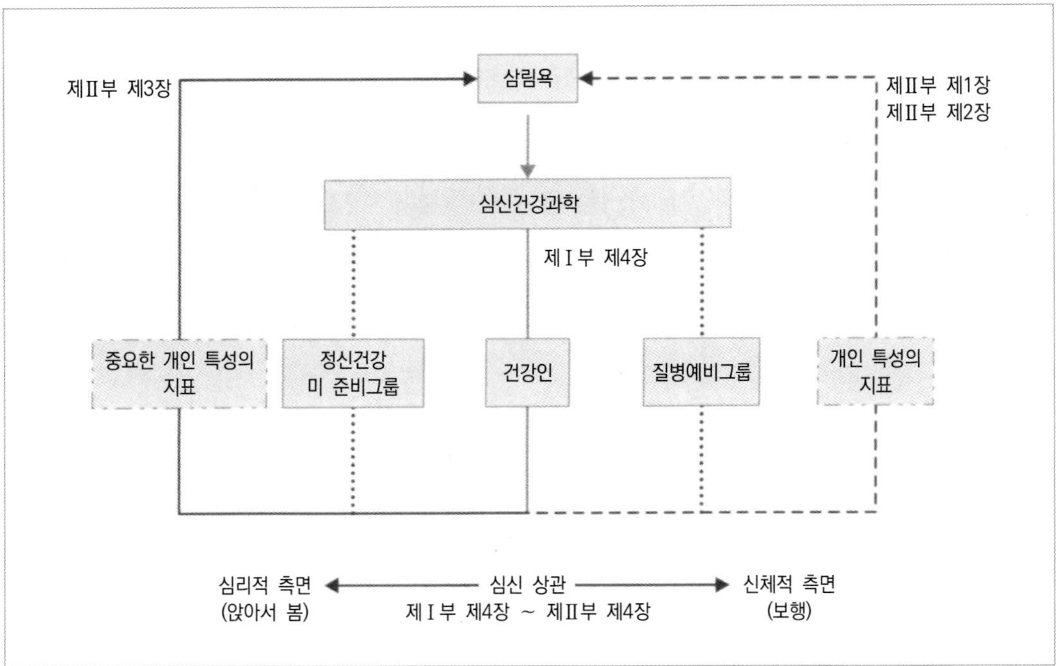

〈그림 21〉 심신 건강과학에 있어서 삼림욕의 위치

이 책에서는 심신 건강과학의 접근을 통해서 삼림욕을 다룬다. 피험자는 건강인이다. 제 I 부 제4장에서는 건강인 일반을 대상으로, 제 II 부 제1장 및 제 II 부 제2장에서는 복수의 개인특성의 지표를, 제 II 부 제3장에서는 중요한 개인 특성의 지표(신경증 경향)으로 좁혀서, 심신 건강과학의 시각에서 삼림환경의 인상평가나 삼림욕의 심리적 효과와의 관계를 조사한다.

제❸장

현장 실험에 있어서 삼림욕의 스트레스 감소 효과

A 조사 개요

제4장에서 실험결과에 대해 자세히 언급함에 앞서, 이 장에서는 현장에서 시행한 실험상황과 심리적 스트레스 감소 효과를 알아보기 위하여 이용된 조사표 등이 어떤 것이었는가에 대해 설명을 하고자 2008년 7~9월까지 삼림조사지 3개소에서 실행한 삼림욕 실험 조사방법 등에 대해서 소개한다.

1. 조사 대상자

연구대상은 모두 실험의 공개모집에 지원한 조사지 근교의 대학에 통학하는 20대 초반의 남자 대학생 및 대학원생이다. 이처럼 피험자들을 20대 남학생으로 한정한 이유는 피험자측의 성별이나 연령, 직업 등의 인구통계학적 사항을 통제하여 속성에 따라 결과의 차이가 발생할 가능성을 줄이고자 함이다.

2. 조사 대상지

연구대상지인 삼림은 A현(縣) X시(市)의 침·활혼효림(그림 22), B현(縣) Y정(町)의 대경목인 침엽수인공림(그림 23), C현(縣) Z촌(村)의 낙엽활엽수림(그림 24)이다. 모든 조사지도 실험을 위해 1.0 km~1.7 km정도의 비교적 평탄하고 편안하게 잘 정비된 삼림 산책코스로 보행 실험코스를 설정하였다. 그리고 좌관(座觀)* 장소는 보행 코스의

* 의자에 앉아 경치를 바라 봄

근처로 하였으며, 임학 및 조경학을 공부하고 환경설계에 숙달된 삼림총합연구소 소속의 전문가가 각 조사지의 임상을 대표하는 환경으로서 전망이 좋은 장소를 선택·설정하였다.

한편, 삼림조사지의 비교 대조, 즉 컨트롤 할 수 있도록 도시 조사지를 각 X, Y, Z로 설정하였다. 각각 인적이 많은 JR의 지방도시의 역 출입구로 선택하고 좌관(座觀)과 삼림환경은 거의 같은 거리의 보행 코스를 설정하였다.

〈그림 22〉 X시(市)의 침·활혼효림

조사지의 임상은 자작나무 2차림과 삼나무 인공림으로 구성되어 있음

〈그림 23〉 Y정(町)의 침엽수인공림

조사지의 임상은 주로 삼나무 인공림으로 구성되어 있음

또한 이후의 분석에서는 조사지가 다른 삼림환경을 모아서 다루고 있으나 그 이유는 "삼림"과 "인간의 심리" 모두 상당히 많은(다변량) 요인에 의해서 구성되는 사물이라는 점이 이유이다. 일반적으로 임의로 두(2) 대상의 관계를 조사하는 경우에는 양쪽이 모두 너무 많은 변량이 있을 시에는 논의가 복잡하게 되어 관계성의 본질을 간과할 위험성이 있다는 점이다. 따라서 "인간"측에 주목하여 논의를 쉽게 풀어나가기 위해서는 "삼림"측의 변동 요인을 가능한 한 줄여 추상화해 두는 것이 필요하다.

〈그림 24〉 Z촌(村)의 낙엽활엽수림

조사지의 임상은 주로 단풍나무류와 상수리나무 등의 낙엽활엽수로 구성되어 있음

여기에서 낙엽활엽수림, 상록침엽수림, 침·활혼효림이라고 하는 대표적인 일본 삼림을 조사지로서 선정하여 전체적으로 다루어 삼림을 추상화하였다. 나아가 보행 코스는 쾌적한 삼림욕이 가능토록하기 위하여 ① 경사가 없을 것, ② 잡초를 정리할 것, ③ 제벌하고 전망을 좋게 할 것 등 산림정비에 대한 가이드라인을 설정하여 삼림욕 실험 전에 조사지로 선정된 X시, Y정, Z촌은 직원에게 정비를 하도록 하여 가능한 한 조사지간의 실험 환경의 유사성을 확보하도록 하였다.

3. 조사 일정

실험일은 모두 맑은 날씨이었으며 조사개요는 표 3과 같다. 피험자는 실험 첫째 날부터 종료 시까지 호텔에 숙박하며 식사도 동일하게 제공하였다. 실험 첫째 날 오후에는 삼림환경과 도시환경에서 대기실, 측정 장소의 사전 검사를 한 뒤, 피험자에게 임의로 번호를 배분하고(1～10번 또는 11번, 12번까지) 5～6명씩 2군으로 나눴다. 그리고 실험 2일째는 삼림환경과 도시환경의 일반적인 행동인 보행과 좌관(座觀)의 활동을 도입하여 10～12명씩, 2일간 실험을 실시하였다. 두 개의 환경을 체험하는 순서가 실험에 영향을 주지 않도록 2일에 걸쳐 실험을 하였으며 2개군을 각각 삼림조사지와 도시조사지를 번갈아 체험하게 하였다. 기간 중의 실험 및 조사 일정은 그림 25에 나타냈다. 각 피험자에게 삼림조사지 및 도시조사지에 설정한 코스에서 15～25분간 산책(보행)하도록 하고, 그 후 정해진 지점에서 약 15분간 삼림환경 및 도시환경의 풍경을 바라보도록(座觀) 하였다(그림 26, 27). 실제 실험의 흐름은 그림 28과 같다.

〈표 3〉 조사개요

조사지	A현 X시	B현 Y정	C현 Z촌
조사일	7월 15일～16일	7월 30일～31일	9월 2일～3일
날씨	맑음	맑음	맑음
임상	침·활혼효림	침엽수인공림	낙엽활엽수림
조사대상자연령(표준편차)	21.7 (±1.6)	21.8 (±1.1)	22.3 (±1.4)
보행거리	1 km	1 km	1.7 km
피험자수 (n)	10	12	11

컨트롤하여 설정해 둔 도시환경에 있어서도 삼림환경과 동일한 실험을 하였다. 삼림환경과 피험자를 2개의 군으로 나누어 동시실험을 수행하기 위해 조사일, 날씨, 피험자(수), 피험자평균연령, 보행거리를 동일하게 하였다. A현 X시는 JR 토미야마(富山)역 앞, B현 Y정은 JR 하카타(博多)역 앞, C현 Z촌은 다카사키(高崎)역 앞으로 각각 도시 조사지를 설정하였다.

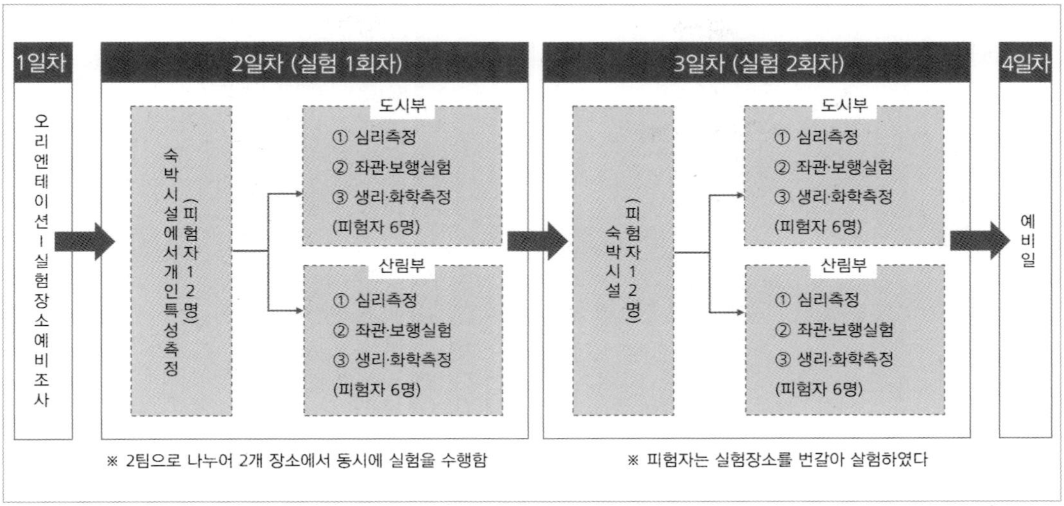

〈그림 25〉 실험과 조사 스케줄(실험기간 전체의 움직임)

실험과 조사는 3일간(4일차는 예비일)에 걸쳐 행해졌으며, 12명의 피험자를 2개군으로 나누어 2일차와 3일차에 삼림부(삼림조사지), 도시부(도시조사지)에 각각 양쪽으로 교차하여 조사하였다.

도시환경의 풍경   삼림환경의 풍경

〈그림 26〉 보행 실험의 예

도시환경의 풍경 삼림환경의 풍경

〈그림 27〉 좌관(座觀) 실험의 예

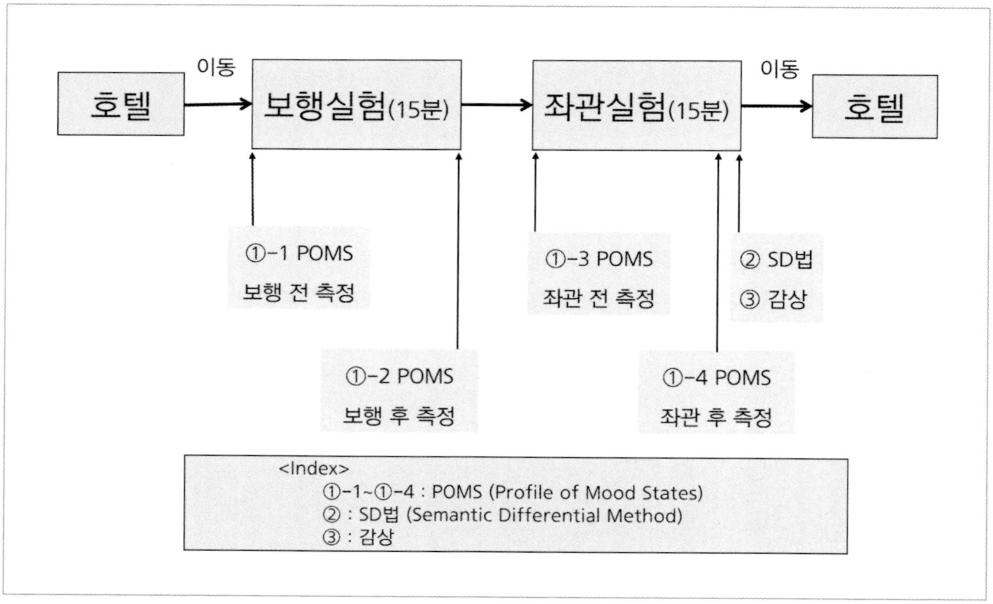

〈그림 28〉 실험과 조사 스케줄(하루움직임)

POMS는 현장에서 보행 전후와 좌관 전후로 총 4개를 측정하였다. SD법, 감상 설문 좌관 후에 현장주변의 대기실에서 응답하도록 하였다.

B 심리적 효과의 측정

삼림욕의 스트레스 감소 효과와 삼림환경 인상, 삼림욕의 최종적인 감상 등을 측정하기 위하여 POMS, SD법, 감상 설문 3개 조사표를 이용하여 조사하였다. 각각의 조사표의 특징은 이하와 같다.

1. 스트레스 감소 효과(POMS)

피험자의 기분상태를 알아보기 위하여 "기분상태검사(Profile of Mood States; POMS)"를 실시하였다. POMS는 대상자가 처한 조건에 따라 일시적 기분, 감정의 상태를 측정하는데 우수한 조사표이다. "긴장-불안", "우울-침체", "분노-적대감", "활기", "피로", "혼란"의 6개 기분척도를 동시에 평가할 수 있다. 이 실험에서는 POMS 단축판을 사용하였는데 이것은 65항목으로 된 정규판과 같은 측정 결과를 제공하면서도 항목 수를 30항목으로 축소함으로써 대상자의 부담을 경감시키고 단시간에 변화될 수 있는 전후의 기분이나 감정의 변화를 측정하는 것이 가능하다고 일컬어진다.

2. 삼림환경 인상평가(SD법)

실험 중, 삼림환경의 이미지를 평가하기 위하여 실험 후에 현장에서, "SD법"에 의한 인상 평가실험을 실시하였다. SD법은 앞에서 기술한 바와 같이, Osgood 등(岩下)[39]에 의해 개발된 심리측정 방법의 하나로 인상, 이미지 등의 측정에 적절한 방법이다. 색채 등의 심리 효과와 상품의 이미지 조사 등에 넓게 사용되고 있으며 건축, 도시공학 분야에서도 공간 체험의 결과로서 생기는 심리 반응을 파악하는 방법으로서 넓게 응용되고 있다. 최근에는 지금까지 시각 중심이었던 항목에 다른 후각·촉각 등 오감과 관련되는 항목을 추가하였으며,[54~56] 이 방법은 삼림환경 전반의 인상을 파악하려고 하는 연구 목적에 적절하다고 생각된다. 따라서 이 실험에서는 삼림환경에 대한 심리반응을 조사하는데 적합하다고 생각한 25항목의 형용사를 선정하여 평가척도로서 설정하였다. 그리고 측정척도는 7척도를 사용하여 조사표를 작성하였다.

3. 삼림욕 후의 감상(감상 설문)

피험자의 삼림욕 후의 최종적인 감상에 대해 조사하기 위하여 "감상 설문"을 작성했다. 이 조사는 체험하는 사람에 따라 감상이 다를 수 있다는 가능성에 착안한 것이다. 지금까지 몇몇의 연구로부터 삼림욕에 의해서 매우 안정된 기분이 되었다고 하는 사람들과 설레는 기분이 되었다고 하는 사람들이 있다. 이번 조사에서는 "매우 침착한"부터 "매우 설렜다"까지 7개의 척도로 이루어진 설문지를 작성하여 모든 실험이 끝난 뒤, 삼림조사지 및 도시조사지에 있는 대기실로 돌아가서 답변을 하였다.

C 개인특성의 측정

이 책의 뒷부분에는 삼림욕의 심리적 효과에 개인특성이 어떠한 관련이 있는지를 분명히 하고자 시도하였으며, 개인특성을 다양한 관점에서 파악하고자 하였다. 구체적으로 살펴보면 ① 지식·경험, ② 성격특성, ③ 자기효능감, ④ 가치관·관심의 4가지이다. 각각에 대해서 간단하게 설명한다.

1. 지식·경험(프로필 설문)

지식·경험을 조사하기 위하여 프로필 설문을 실시하였다. 프로필 설문에서는 삼림과의 관계성, 이력 등에 대해 조사하며 삼림에 대한 기호나 흥미 및 지식의 정도, 자연을 접할 기회 등을 파악하였다. 표 4에 나타낸 바와 같이, 과거에 자연과 접촉한 기회 항목에서는 특히 7~12세의 초등학생 시절에 자연에서 받는 영향이 크다는 점에서 초등학교 1·2학년을 저학년, 3·4학년을 중학년, 5·6학년을 고학년으로 2개 학년별로 3단계로 구분하여 조사에 사용하였다.

2. 성격특성(Neo-FFI; Neo Five Factor Inventory)

성격특성 조사는 Neo-FFI라는 조사표를 사용했다. Neo-FFI는 건강한 사람의 성격특성을 측정하기 위해 간호 등의 임상현장 등에서 자주 이용되는 조사 방법이다. 성격을 5가지 주요 경향으로 나누며 신경증경향(Neuroticism), 외향성(Extraversion), 개방성(Openness), 조화성(Agreeableness), 성실성(Conscientiousness)을 60항목으로 구성된 질문에 답하는 방식이다(표 4).

3. 자기효능감(GSES; General Self Efficacy Scale)

GSES는 자기효능감(Self Efficacy)을 측정하기 위한 대표적인 조사표 가운데 하나이다. 자기효능감이란 Bandura(자세한 것은 사카노(坂野)[57]의 연구 참조)에 의해서 제창된 개념으로 자신이 하고 싶다고 생각하는 것의 실현 가능성에 대한 인식, 혹은 자신은 이런 일을 여기까지는 할 수 있을 것이라는 것을 고려한 것이다(표 4). GSES는 16항목으로 2분류에 따라 행동의 적극성, 실패에 대한 불안, 능력의 사회적 위상이라는 3척도를 조사한다. 또한 그 3척도에서 종합적으로 일반적인 자기효능감을 조사하는 것이 가능하다.

4. 가치관·관심(TBS-test; Thompson and Barton Scale-test)

TBS-test는 Thompson 등[58]에 의해 개발되었고 Bjerke 등[59]에 의해 수정된 설문지로 피험자가 자연환경에 대해 어떠한 관심이나 가치관을 가지고 있는지를 조사할 수 있다. 해외에서는 북유럽의 Kaltenborn[60], 미국의 Schultz[61] 등과 같은 연구자에 의해 이용되고 있으며 일본에서는 다카야마(高山)[62]가 사용하고 있다. 자연환경의 가치관을 조사하는 척도로서 생태계 중심주의성, 인간 중심주의성의 2개와 자연환경에 대한 관심도를 조사하는 척도로서 환경 무관심이 설정되어 있으며 합계 3가지 척도에 대하여 25항목이고 7분법으로 작성된 본 조사표에 의해서 조사하는 것이 가능하다(표 4, 5).

〈표 4〉 Profile 설문의 내용과 수량화의 방법

개인특성 조사표	조사 목적	개인특성 지표	적요
profile 조사표	조사대상자의 삼림에 대한 좋음이나 거주지의 자연환경 등의 개인적인 경험, 이력을 조사한다	삼림이 좋을까 어떨까?	1; 대단히싫다, 2; 싫다, 3; 조금싫다, 4; 어느쪽 좋다, 5; 조금좋다, 6; 좋다, 7; 대단히좋다 로 점수화
		삼림에 대한 흥미	1; 전혀없다, 2; 거의없다, 3; 조금흥미가 있다, 4; 흥미가있다, 5; 대단히흥미가있다 로 점수화
		삼림에 대한 지식량	1; 지식이없다, 2; 그다지지식이없다, 3; 어느쪽도 없다, 4; 어느정도지식이있다, 5; 대단히지식이있다 로 점수화
		과거 자연체험 기회	1; 매일 ~ 5; 거의 없다 5단계로 초등학교저학년, 초등학교중학년, 초등학교고학년, 중학교, 고등학교 마다 점수화하여 집계
		과거 거주지 주변의 녹색의 양	1; 대단히적다, 2; 적다, 3; 조금적다, 4; 거의같다, 5; 조금많다, 6; 많다, 7;대단히많다 로 점수화
		현재의 자연체험 기회	1; 감소했다, 2; 약간감소했다, 3; 변함이없다, 4; 조금증가하였다, 5; 증가하였다 로 점수화
Neo-FFI (Neo Five Factor Inventory)	조사대상자의 성격특성에 대해서 파악한다	신경증경향(Veurotidism) 외향성(Extraversion) 개방성(Openness) 조화성(Agreeableness) 성실성(Conscientiousness)	건강한 사람의 성격 특성을 측정하기 위하여 사용되다. 성격의 5개 주요한 차원인 신경증경향(Veurotidism), 외향성(Extraversion), 개방성(Openness), 조화성(Agreeableness), 성실성(Conscientiousness)의 5척도를 60항목, 5건법에 의해서 측정한다
GSES (General Self-Efficacy Scale)	조사대상자의 자기효능감에 관한 사고를 파악한다	실패에 대한 불안 행동의 적극성 능력의 사회적 위치	16항목 및 2건법의 조사표에 의해서「행동의 적극성」,「실패에 대한 불안」,「능력의 사회적 위치」의 3척도에 대하여 자기효능감(Self-Efficacy)을 조사한다
TBS-test (Thompson and Barton Scale-test)	조사대상자의 환경가치관, 관심도에 대해서 파악한다	생태계중심주의성 인간중심주의성 환경무관심	3 척도가 설정되어 있으며 25개 질문에 7단계의 척도(1: 매우들어맞지않다 ~ 7: 대단히들어맞다)으로 응답을 구하는 것으로 환경에 대한 관심도와 환경가치관에 대해서 조사한다

Profile 조사표의 항목으로서 "삼림이 좋을까 어떨까", "삼림에 대한 흥미, "삼림에 대한 지식량", "과거 자연체험 기회", "과거 거주지 주변의 녹색의 양", "현재의 자연체험 기회"의 6개를 선택하여 개인특성의 지표로 하였다. 항목의 선택에는 기 연구나 프리테스트의 결과를 참고로 하여 삼림욕의 심리적 효과에 관계가 있을 법 한 것을 선출하였다.

〈표 5〉 TBS-test 설문항목과 구분

항목	질문내용	지표
1	인구의 증대에 따라 개발을 위해 자연이 파괴되는 것은 바람직하지 않다.	○
2	나는 자연 속에서 특히 아무것도 하지 않고 지내는 것을 즐거움으로 느낀다.	○
3	열대우림의 상실에 따라 새로운 발견이 가능하지 않고 새로운 즐거움의 개발이 제한되는 것은 곤란하다.	●
4	개발 때문에 벌채된 삼림을 보면 슬퍼진다.	○
5	대체로 자연보호주의자는 비관적이며, 대부분 편협한 사고를 가졌다고 생각한다.	×
6	나는 동물원에서 보는 동물보다도 야생의 동물의 쪽이 좋다.	○
7	캠프의 좋은 점은 돈이 들지 않는 레크레이션이라는 것이다.	●
8	환경문제에 대단한 관심을 갖는 것은 어렵다.	×
9	자연 속에서 치유되는 시간은 필요하다.	○
10	삼림 벌채에 관해서 염려하는 것은 장래 세대에 충분한 목재를 남겨놓지 않는 것이다.	●
11	여러 가지 잘 해결되지 않은 때, 자연 속으로 들어가서 그곳에서 지내는 것이 좋다.	○
12	나는 환경문제에 관심이 없다.	×
13	강이나 호수를 깨끗하게 지키는 것은 사람들이 물놀이를 즐겁게 보내는 장소를 제공하기 위함 때문이다.	●
14	자연환경의 보전이나 환경오염의 감소, 천연자원의 보전을 행하는 Project를 반대한다.	×
15	파괴된 자연을 보면 슬퍼진다.	○
16	자연보호의 중요한 목적은 인간이 살아남기 위함 때문이다.	●
17	재활용이 좋은 점은 돈을 절약할 수 있다는 것이다.	●
18	자연은 인간의 행복이나 즐거움 창출에 중요한 공헌을 하고 있다.	●
19	자연보호에 대해 지금까지 지나친 강조를 하고 있다.	×
20	자원을 보존하는 것은 우리들의 질적 수준을 가지기 위함 때문이다.	●
21	자연 속으로 외출하는 것은 대단한 스트레스 감소 효과가 있다.	○
22	자연보호의 중요한 목적은 생활 수준을 지속시키기 위함이다.	●
23	자연보호의 중요한 목적은 손대지 않은 자연지역을 보전하기 위함이다.	○
24	생활의 질이 유지되는 한, 지속적인 토지의 개발은 좋다고 생각한다.	●
25	나에게는 동물이 인간처럼 생각될 때가 있다.	○

TBS-test는 생태계중심주의성(10문항), 인간중심주의성(10문)의 2지표로부터 환경에 대한 가치관을 환경무관심(5문)으로부터 역설적으로 환경에 대한 관심도를 측정하는 것이 가능하다. 항목과 지표의 대응은 ○ = 생택중심주의성, ● = 인간중심주의성, × = 환경무관심이다.

高山範理, 喜多 明, 香川隆英: 생활역의 자연환경이 최근 삼림에 대한 체험활동·관리활동에 미치는 영향, Landscape 연구 70(5), p.585-590, 2007.

제❹장

삼림욕의 스트레스 감소 효과 검증

우리들이 삼림환경으로부터 스트레스 감소 효과를 누릴 수 있는 것은 삼림환경을 구성하고 있는 다양한 물리적 환경요소가 오감을 통해 지각되고 그 결과로서 그 효과가 초래된다고 하는 실마리를 가정하는 것에서 이해가 가능해진다. 따라서 삼림욕의 스트레스 감소 효과에 대해 검증하기 전에 먼저 삼림욕 실험을 실시한 삼림 내의 물리적인 환경이 어떠한 상태이었는지에 대해 정리하고, 다음으로 삼림환경의 인상평가 및 삼림욕의 스트레스 감소 효과에 대해 도시환경과의 비교 관점에서 검증하고자 한다.

A 숲의 물리환경 요인

삼림환경의 내부는 수목의 가지나 잎(枝葉)에 의해서 직사광선이 차단된다. 또한 잎으로부터의 증산이나 토양으로부터의 수분증발이 삼림 내 대기 중의 열을 빼앗기 때문에 삼림 바깥과 비교하여 기온이 낮기 때문에 시원하다는 것으로 알려져 있다. 이처럼 삼림욕의 효과를 조사하기 위해서는 어떠한 환경조건 하에서 측정한 삼림욕의 효과가 얻게 되는 것일까를 파악해 두는 것이 매우 중요하다. 이 장에서는 삼림조사지와 도시조사지를 대조하고 모든 조사지의 물리적인 환경요인의 측정자료를 정리해 두고자 한다.

환경조사의 측정지표로서 음압, 온열환경, 상대조도, 절대조도, 대기압, 공기 마이너스이온(이른바 음이온)의 6개를 선정하였다. 이상의 측정지표 각각에 대해서 삼림 및 도시조사지의 실험 시에 병행하여 아침 9시부터 오후 16시까지 사이에 측정을 하였다. 여기에서 절대조도(Lux)와 상대조도(%)라는 2개의 조도지표가 있으며, 전자는 조사지에서 조도계에 의해 직접 측정되는 절대적인 조도이며, 후자는 삼림학 분야에서 자주 이용되는 측정지표로 나지와 비교했을 경우 삼림 내의 상대적인 밝기를 의미하며 비율

(%)로 표시된다. 그 외에도 온열환경이란 조사지의 기온(℃), 상대 습도(%), 복사열(℃), 풍속(m/s)을 측정한 것이며 음압이란 조사지의 소리의 압력을 소음계(단위: dB)로 측정한 것이다. 대기압은 조사지의 실험시의 기압(hPa)을 측정한 것이며 공기 마이너스이온이란 조사지의 공기에 포함되는 음이온(X 1,000개/cc)을 측정한 것이다.

표 6은 상대조도(삼림환경 만), 표 7은 절대조도의 측정 결과이다. 표 6을 살펴보면 침엽수 숲이었던 Y정(町)에서는 상대조도가 30% 이하이지만 낙엽활엽수 숲이었던 Z촌(村), 침·활혼효림이었던 X시(市)에서는 약 34~38%로 각 산림조사지의 환경(삼림환경)은 잘 가꾸어진 대단히 밝은 환경임을 알 수 있다. 또한 표 7을 보면 도시환경에 비하여 삼림환경의 절대조도는 상당히 낮으며 표준편차도 작은 것을 알 수 있다. 적어도 여름철에 있어서 삼림환경은 도시환경에 비하여 상대적으로 조도가 낮으며 눈부심이 적은 부드러운 빛 환경이라고 할 수 있다.

〈표 6〉 상대조도 측정결과

	측정장소	삼림환경	
	측정일	1일차	2일차
X시	n	15	15
	평균치 (%)	37.6	37.1
	표준편차 (±)	19.97	15.21
Y정	n	15	15
	평균치 (%)	25.9	29.3
	표준편차 (±)	10.52	14.54
Z촌	n	15	15
	평균치 (%)	34.0	33.6
	표준편차 (±)	14.04	18.53

낙엽활엽수림의 산림인 Z촌, 침·활혼효림인 X시는 하늘이 열려있어 상대조도가 높다. 삼나무의 침엽수림인 Y정의 상대조도는 26~29%정도이며 수직으로 높게 성장한 침엽수림의 임관으로 덮혀져 있었지만 침엽수림으로서는 상당히 밝은 삼림이라고 할 수 있다.

〈표 7〉 절대조도 측정결과

	측정장소	삼림환경		도시환경	
	측정일	1일차	2일차	1일차	2일차
X시	n	31	33	30	24
	평균치 (Lux)	14,470.3	3,453.1	109,093.3	74,758.3
	표준편차 (±)	8,605.6	3,084.0	17,272.9	27,238.5
Y정	n	31	31	28	39
	평균치 (Lux)	11,806.4	7,491.9	40,332.5	26,609.7
	표준편차 (±)	17,257.3	12,751.3	38,516.2	24,530.0
Z촌	n	50	41	34	34
	평균치 (Lux)	5,599.4	4,354.8	47,150.0	67,661.5
	표준편차 (±)	4,540.1	3,783.7	31,158.1	29,913.9

도시환경에 비하여 삼림환경에서 측정된 조도 값은 1/20～1/4 정도 낮다. 또한 표준편차 값으로부터 알 수 있듯이 조도의 불균형도 적고 불쾌 빛 등의 발생하기 어려워 상대적으로 쾌적한 빛 환경이라고 말할 수 있다.

표 8의 온열환경의 비교를 보면 삼림환경은 도시환경에 비해 상대적으로 기온과 복사열이 낮고 습도가 높으며 바람이 온화한 환경임을 알 수 있다. 특히 기온이나 복사열이 도시환경보다 훨씬 낮기 때문에 상대적으로 온열환경으로서도 쾌적한 환경이라고 할 수 있다.

또한, 표 9의 음압에 관한 비교를 보면 X시, Y정의 삼림환경의 음압수준은 도시환경과 비교하여 상대적으로 낮지만 Z촌은 도시와 거의 다르지 않은 음압수준이라는 것을 알 수 있다. 삼림환경에서 예상외로 dB값이 높았던 것은 매미의 영향에 의한 것으로 추정된다. 일반적으로 음압은 60dB을 넘으면 상당히 시끄럽게 느껴지는데 삼림환경의 매미 울음은 심리적인 소음감으로 이어지지 않다는 마사키(政木) 등[63]의 연구가 있는 것도 참고해야 할 부분이다.

〈표 8〉 온열환경 측정결과

	항목	측정장소	측정일	n	평균치	표준편차 (±)
X시	기온 (℃)	삼림	1	42	24.9	0.77
			2	38	26.8	0.77
		도시	1	42	27.9	0.88
			2	41	30.3	1.35
	습도 (%)	삼림	1	42	80.4	2.13
			2	38	72.6	3.78
		도시	1	42	71.3	3.78
			2	41	63.6	3.88
	복사열 (℃)	삼림	1	42	29.8	2.83
			2	38	32.7	3.10
		도시	1	42	30.7	4.01
			2	41	33.0	4.43
	풍속 (M/S)	삼림	1	42	0.54	0.30
			2	38	0.63	0.29
		도시	1	42	1.32	0.70
			2	41	1.18	0.67
Y정	기온 (℃)	삼림	1	42	26.3	0.65
			2	38	27.0	1.16
		도시	1	40	32.2	0.61
			2	40	32.4	0.61
	습도 (%)	삼림	1	42	85.1	3.50
			2	38	82.9	5.44
		도시	1	40	64.9	3.31
			2	40	62.1	2.20
	복사열 (℃)	삼림	1	42	26.2	1.16
			2	38	27.4	1.73
		도시	1	40	39.2	3.77
			2	40	37.6	3.55
	풍속 (M/S)	삼림	1	42	0.54	0.17
			2	38	0.53	0.27
		도시	1	40	2.04	0.90
			2	40	1.82	0.90

〈표 8〉 연속

	항목	측정장소	측정일	n	평균치	표준편차 (±)
Z촌	기온 (℃)	삼림	1	42	17.9	0.29
			2	40	19.6	0.63
		도시	1	41	29.6	1.50
			2	40	31.8	1.93
	습도 (%)	삼림	1	42	96.2	2.04
			2	40	93.7	3.59
		도시	1	41	66.7	6.49
			2	40	56.7	7.02
	복사열 (℃)	삼림	1	42	18.0	0.38
			2	40	19.7	1.01
		도시	1	41	37.4	7.24
			2	40	40.5	9.29
	풍속 (M/S)	삼림	1	42	0.18	0.08
			2	40	0.19	0.10
		도시	1	41	1.55	0.90
			2	40	1.51	0.83

도시환경과 비교하여 삼림환경에 있어서 측정된 기온은 최대 15℃ 정도, 복사열은 최대 20℃ 정도 낮다. 또한 (상대)온도는 삼림환경 쪽이 높고, 그다지 바람이 강하지 않다고 하는 특성이 있다.
주) 1; 1일차, 2; 2일차 임

마지막으로 표 10의 대기압의 비교 결과를 살펴보면 삼림환경은 도시환경보다 상대적으로 기압이 낮은 결과를 나타냈다. 이것은 삼림조사지가 모두 평지에서 떨어져 고도가 높은 산지에 위치하고 있었기 때문이라고 생각된다. 또한, 공기음이온의 비교 결과(표 11), 소위 음이온에 대해서는 삼림환경 쪽이 많이 측정되는 경우도 있었지만 반대의 경우도 있어 명확한 경향은 발견되지 않았다.

이상이 실험 시의 삼림환경 및 도시환경의 물리적 환경요인의 측정결과이다.

〈표 9〉 음압 측정결과

	측정장소	삼림환경		도시환경	
	측정일	1일차	2일차	1일차	2일차
X시	n	27,274	26,747	26,328	25,645
	평균치 (dB)	38.4	38.3	64.2	64.4
	표준편차 (±)	7.06	7.35	3.00	3.37
Y정	n	28,298	24,453	26,433	26,506
	평균치 (dB)	48.5	48.4	71.2	71.0
	표준편차 (±)	3.12	2.94	3.23	3.23
Z촌	n	27,245	26,176	23,906	26,076
	평균치 (dB)	64.3	62.8	65.9	66.1
	표준편차 (±)	0.18	2.43	4.24	4.18

도시환경과 비교하여 삼림환경에서 측정된 음압은 상대적으로 낮다. 그러나 시기에 따라서 매미 등의 울음에 따라 도시환경과 같은 정도의 소음 수준이 되는 것도 있다. 표준편차의 값 등으로부터 그 시기의 삼림환경에서 시간적인 단절 없이 높은 소음수준 이었음을 알 수 있다.

〈표 10〉 대기압 측정결과

	측정장소	삼림환경		도시환경	
	측정일	1일차	2일차	1일차	2일차
X시	n	17	12	16	16
	평균치 (hPa)	947.2	946.4	1006.9	1002.4
	표준편차 (±)	3.41	0.29	7.48	11.91
Y정	n	17	15	17	14
	평균치 (hPa)	961.3	963.5	1011.0	1013.5
	표준편차 (±)	18.52	18.68	0.96	0.55
Z촌	n	17	15	15	16
	평균치 (hPa)	881.5	880.0	993.3	992.7
	표준편차 (±)	1.77	0.34	3.24	0.96

도시 환경과 비교하여 삼림환경에서 측정된 대기압은 상대적으로 낮다. 그것은 도시환경이 평지나 하천변의 저지대에 있는 것에 반해 일본의 삼림환경은 대체로 표고가 높은(기압이 낮아짐) 산악지에 존재하는 것이 주요한 원인이다.

〈표 11〉 음이온 측정결과

	측정장소	삼림환경		도시환경	
	측정일	1일차	2일차	1일차	2일차
X시	n	6	8	7	7
	평균치 ($\times 10^3$개/cc)	1.51	1.15	1.26	1.23
	표준편차 (±)	0.21	0.38	0.27	0.25
Y정	n	7	7	7	7
	평균치 ($\times 10^3$개/cc)	0.87	0.56	0.63	0.92
	표준편차 (±)	0.07	0.09	0.08	0.06
Z촌	n	8	8	1	7
	평균치 ($\times 10^3$개/cc)	1.68	1.97	0.87	0.80
	표준편차 (±)	0.30	0.19	0.00	0.14

측정결과, 도시환경에 비하여 삼림환경에서 측정된 음이온의 수는 그다지 큰 차이를 보이지 않았다. 삼림환경에 있어서도 물 흐름이 있는 장소나 폭포 옆 등에서 많은 공기음이온이 관측되었다는 보고가 있으며 다카야마 등도 실측하여 확인하였다. 그 이외의 삼림환경에서는 도시환경과 그다지 차이가 보이지 않았다.

B 조사지의 인상평가(삼림환경 - 도시환경)

다음은 삼림환경에 대한 인상평가가 어떠한지에 대하여 X시, Y정, Z촌에서 행한 실험 결과를 정리해 검토해 보고자 한다. 그림 29에 전체 조사지와 총 33명의 피험자에 의해 평가된 산림환경과 도시환경에 대한 인상을 정리하였다.

자세히 살펴보면 삼림환경과 도시환경이 가지는 인상이 꽤 다른 것을 알 수 있다. 삼림환경은 아름답고 쾌적하고 안심이 되며 친숙해지기 쉽다고 하는 긍정적인 인상을 많이 따르는 것에 반해, 도시환경에서는 인공적이며 소란스럽고 불쾌하고 건강하지 않다고 하는 부정적인 인상을 강하게 보였다고 말할 수 있다.

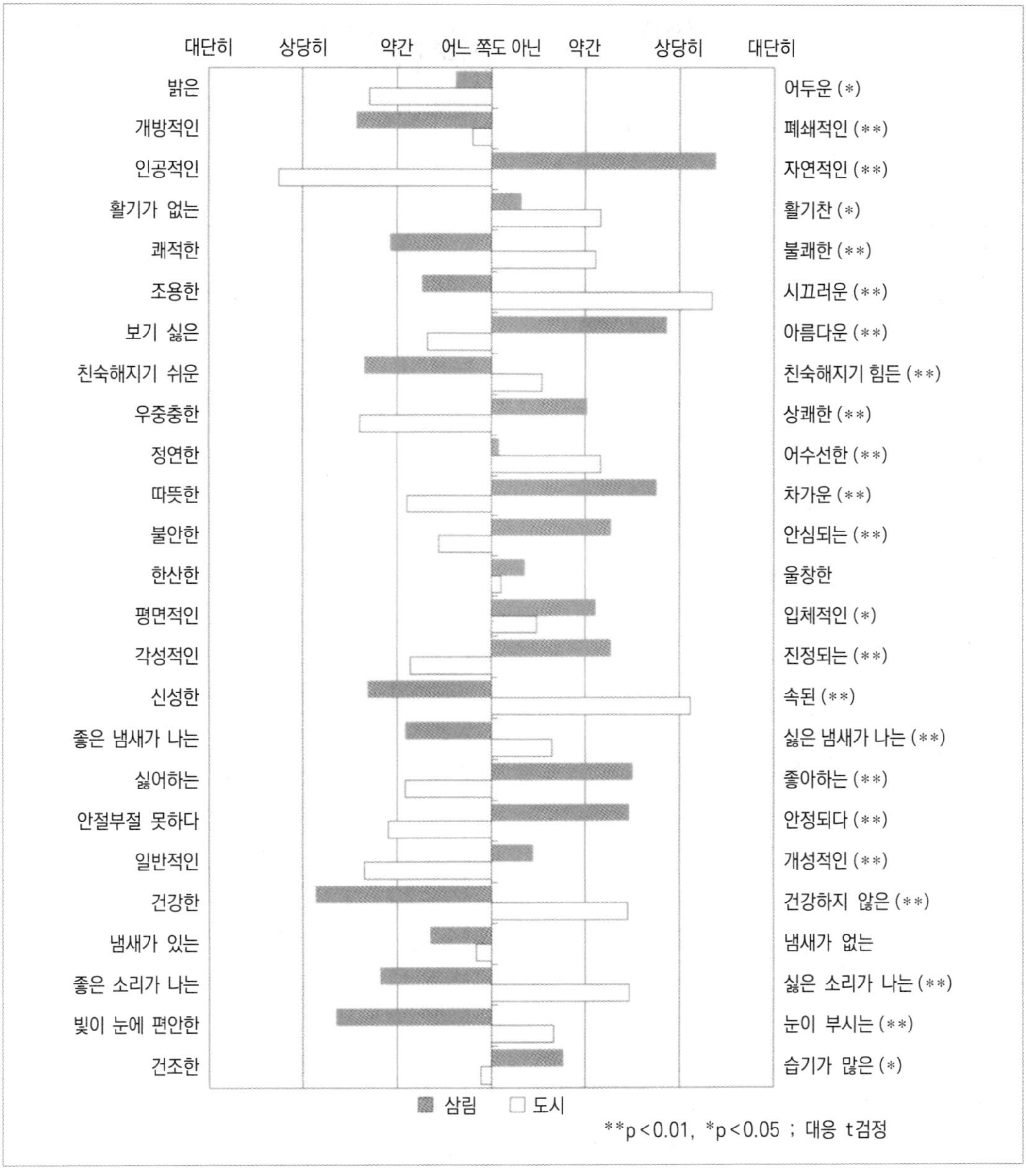

〈그림 29〉 삼림환경과 도시환경의 대상지 비교

삼림환경과 도시환경을 비교해 보면 대부분의 형용사대조에 있어서 평가의 유의한 차가 확인되었다. 전체적으로 삼림환경이 긍정적인 인상을, 도시환경이 부정적인 인상을 가져다주는 결과였다. 유의차가 없었던 평가척도는 「한산하였다－울컥했다」, 「냄새가 있다－냄새가 없다」 요인으로 나타났다.

C 스트레스 감소 효과(삼림환경 - 도시환경)

이상과 같이 삼림환경의 물리적인 환경요인 및 삼림환경에 대한 인상은 삼림욕의 스트레스 감소 효과에 어떤 영향을 주는 것일까. 여기에서도 역시 도시환경과 비교하여 삼림환경을 단시간에 산책하는 보행활동과 단시간 의자에 앉아 풍경을 감상하는 좌관(座觀)활동이라는 삼림욕에 있어서 대표적인 2개 활동을 통하여 조사하고자 한다. 우선 보행활동 전후 및 좌관활동 전후에 각각 POMS를 실시하고 33명의 T득점(데이터를 표준화한 득점) 평균치를 정리하고 분석하였다.

1. 보행활동 전후

실험에서는 33명의 피험자를 대상으로 삼림환경과 도시환경을 15～20분 정도 보행하기 전과 후에 POMS를 각각 실시하였다. 그림 30은 보행활동 후에 실시한 POMS의 6개의 척도에서 보행활동 전에 실시한 값을 뺀 "보행활동 전후 차이"를 의미한다.

먼저 「긴장 - 불안」을 보면 도시환경에서는 보행활동 후에 「긴장 - 불안」의 척도가 높아진 것에 비하여 삼림환경에서는 낮아졌다. 또한 이러한 경향은 「우울」, 「분노 - 적대감」, 「피로」, 「혼란」 항목에서도 나타났으며, 삼림환경 - 도시환경에서 통계적으로 유의한 차이를 확인할 수 있다. 한편 「활기」 항목은 보행한 것에 의한 운동효과일 수도 있으며, 삼림환경 및 도시환경의 모두 증가하였고 삼림환경 쪽에서 보다 더 높아진 것을 확인할 수 있다.

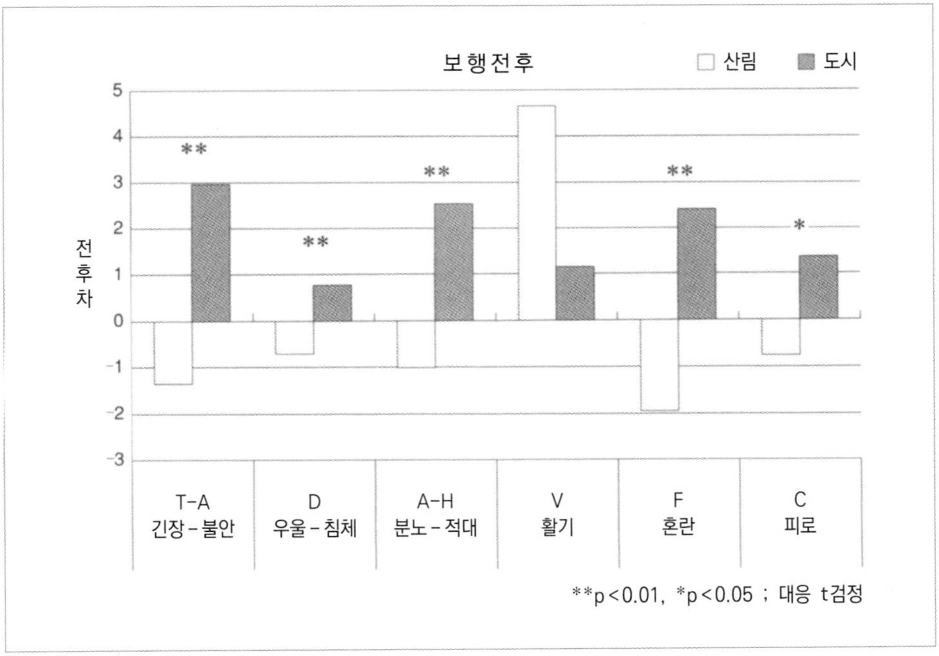

〈그림 30〉 삼림환경-도시환경의 POMS 척도의 비교(보행활동 전후)

도시환경은 보행활동전후에서 모든 척도가 상승하였고 심리적인 스트레스가 상승하는 것에 비해 삼림환경에서는 모든 척도에서 스트레스 감소 효과가 나타났다. 「활기」 이외의 척도에서는 삼림환경-도시환경 사이에서 유의한 차이를 보였다.

이처럼 동일한 산책 등의 보행활동을 하는 경우에도 도시환경과 비교한 경우, 삼림환경에서 이루어지는 삼림욕의 스트레스 감소 효과는 상당히 높다고 해도 좋을 것이다.

2. 좌관활동 전후

한편 앉아서 풍경을 바라보는 좌관활동에서는 어떤 차이가 있을까? 그것을 조사하기 위하여 삼림환경 및 도시환경에서 같은 피험자들에게 15~20분 정도 좌관활동 전후로 POMS를 실시하고 보행 활동의 경우와 마찬가지로 전후의 차이를 비교하였다. 그림 31은 그 결과이다.

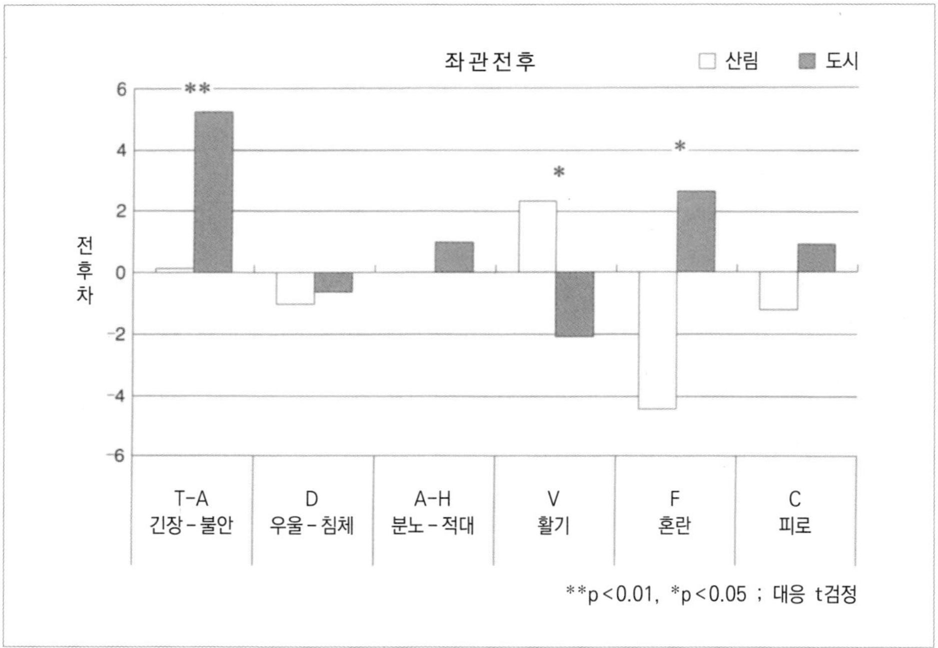

〈그림 31〉 삼림환경 - 도시환경의 POMS 척도의 비교

도시환경은 좌관활동전후에서 「긴장 - 불안」, 「피로」, 「혼란」의 척도가 상승하였고, 심리적인 스트레스가 상승하는 것에 비해 삼림환경에서는 「활기」가 상승하였고 「피로」가 감소 효과가 나타났다.

우선 「긴장 - 불안」을 보면 삼림환경에서는 거의 변화가 없는 것에 반해, 도시환경에서는 좌관활동 후에 높아졌다. 또한 「활기」 항목의 경우, 삼림환경에서는 높아졌으나 도시환경에서는 낮아졌으며, 「피로」는 삼림환경에서는 낮아지는 것에 비해 도시환경에서는 높아지는 결과를 보였다. 이상은 모두 통계적으로 유의한 차이를 확인할 수 있었다. 그 외 척도에서도 삼림환경에서 좌관활동은「우울」,「혼란」이 낮아지는 등, 스트레스 감소 효과가 있는 것을 알 수 있었다. 이와 같이 도시환경과 비교하여 특히 삼림욕의 좌관활동에서「활기」상승과「피로」저하에 효과가 있었다.

D 스트레스 감소 효과(삼림욕 전 - 삼림욕 후)

한편 삼림환경에서 삼림욕을 하는 경우, 각 활동의 전후로 어떻게 하여 심리적인 스트레스 감소 효과를 얻을 수 있을까. 여기에서는 삼림환경에 한하여 POMS의 보행활동 전후 및 좌관활동 전후의 값에 대해 비교해 보고자 한다.

1. 보행활동 전후

먼저 그림 32는 보행활동 전후의 POMS의 T점수(피험자 33명의 평균치)를 비교한 것이다. 특히 변화된 척도에 주목해보면 보행활동 후에「활기」항목이 큰 폭으로 높아졌으며「피로」항목이 큰 폭으로 저하되었다. 두 척도 모두 보행활동 전 - 보행활동 후에 있어 유의한 차이를 확인할 수 있었다. 그 외의 척도에서는 유의한 차이는 없었으나 전체적으로 보행활동 후에「긴장 - 불안」,「우울 - 침체」,「분노 - 적대」,「혼란」항목이 저하되는 결과가 나타났다.

즉 33명 피험자의 평균치로부터 생각해보면 보행활동에 의한 삼림욕의 스트레스 감소 효과는 심리적인 피로감을 저하시키는 반면 생동감을 상승시키고, 보행활동 전후 모두 상쾌감을 가져다주는 특징이 있다고 말할 수 있다.

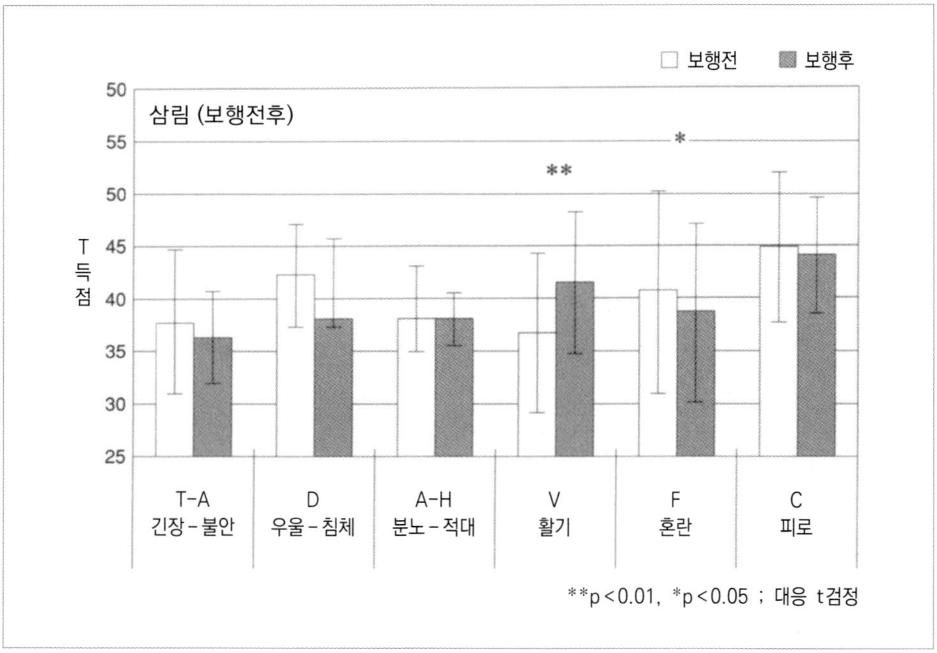

〈그림 32〉 삼림환경에 있어서 보행활동 전후의 POMS 척도의 비교

33명 피험자의 보행활동 전과 보행활동 후의 POMS 6척도의 비교. 보행활동 후에는 「활기」가 유의하게 상승하였고 「피로」가 유의하게 낮아졌다. 그 외의 척도에서도 보행활동 후에 기분의 개선효과가 나타났다.

2. 좌관활동 전후

한편 그림 33은 좌관활동 전후의 POMS의 T점수를 비교한 것이다. 좌관활동 전후에 있어서 특히 변화가 있는 척도를 살펴보면, 좌관활동 후에 「피로」가 특히 낮아진 것을 알 수 있다. 또한 T득점의 수치에 의하면 보행활동 때 보다 「피로」의 저하라는 점에 있어서 큰 효과가 있었다고 말할 수 있다. 이처럼 유의한 차이가 있던 것은「피로」뿐이지만 그 외의 척도에 대해서도 좌관활동 후는 「우울－침체」, 「혼란」이 낮아지고 「활기」가 높아진다는 결과가 나타났다. 역시 좌관활동을 통해서도 삼림욕의 스트레스 감소 효과를 얻는다는 것은 가능하지만 그 최대의 특징은 심리적인 피로감을 저하시키는 점에 있어 보행활동 전후 모두 릴렉스감을 가져다준다고 말할 수 있다.

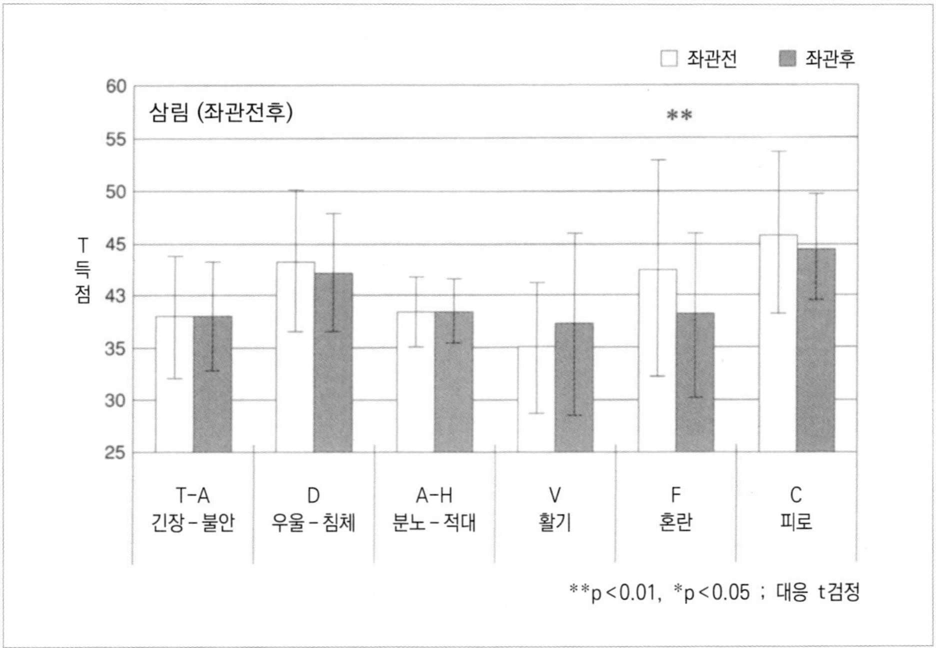

〈그림 33〉 삼림환경에 있어서 좌관활동 전후의 POMS 척도의 비교

33명 피험자의 좌관활동 전과 좌관활동 후의 POMS 6척도의 비교. 좌관활동 후에는「피로」가 유의하게 낮아졌다. 그 외의 척도에서도 좌관활동 후에 기분의 개선효과가 나타났다.

정리

이 장에서는 아래와 같은 검토를 하였다.

① 삼림환경과 도시환경의 실제 현장에 있어서 물리환경 요인을 비교하였다. 그것에 의하여 각 조사지의 삼림환경과 도시환경의 상태가 밝혀졌다.

② 각각의 환경에 대한 인상의 평가를 조사하였다. 그 결과 삼림환경은 상당히 긍정적인 인상을, 도시환경은 부정적인 인상인 것으로 나타났다.

③ 각각의 환경이 초래하는 삼림욕의 심리적인 스트레스 감소 효과에 대해 조사한 결과, 보행활동 및 좌관활동의 어떤 활동을 하든지에 관계없이 삼림환경이 도시환경보다 심리적인 스트레스 감소 효과가 높은 것으로 밝혀졌다.

④ 삼림욕에서의 가장 일반적인 이용방법일 것으로 보이는 보행활동 및 좌관활동에 의해 어떤 스트레스 감소 효과가 나타나는지를 조사하기 위하여 보행활동 전후 및 좌관활동 전후의 기분의 변화를 조사한 결과, 보행활동은 주로 활기를 상승시키고 상쾌감을 가져오는 경향이 있다는 점, 좌관활동은 주로 피로를 저하시켜 릴렉스감을 가져오는 경향이 있다는 점 등이 나타났다.

제 II 부

심리적 스트레스 감소 효과의 개인차

제❶장

삼림환경에 대한 인상평가의 개인차와 특성

A 인상평가와 개인특성

이용자가 환경을 어떻게 파악하고, 환경에 대해 어떻게 추론하고 있는가를 설명할 때에 Brunswik(羽生 등[64])의 렌즈 모델(그림 34)이 자주 이용된다. 이 렌즈 모델은, 우리가 임의의 환경이 본래 가지는 의미를, 생태학적으로 타당한 환경의 특성을 단서로서 이용 및 해석하고 있는 것을 시각적으로 구조화한 것이다. 또 여기에서 讃井 등[65]은 표준 인간(피실험자의 개인차를 고려하지 않고 모집단을 대표하는 최대공약수적인 특성을 가진, 만명에 공통되는 표본이라고 생각하고, 결과의 일반화를 목표로 한다는 가정의 개념)을 설정하지 않고 이용자에게 다양성을 인정하는 입장을 제창하고 있다. 그 입장을 받아들이자면, 각각의 사람마다 환경의 의미를 해석할 때에 이용하는 단서 이용방법이 다르다는 것[66], 그 차이가 최종적으로 환경의 의미 해석의 개인차에 반영되는 것을 상정할 수 있다. 이것에 대해서는 삼림욕의 스트레스 감소 효과에 대해서도 같은 입장에서의 논의가 가능해질 것이다. 즉, 삼림환경을 해석할 때 우선 다양한 이용자의 여러 특성(개인 특성)의 차이점이 처음에는 각자가 삼림 환경에서 의식적·무의식적으로 선택하는 자극의 인식에 반영되고, 다음으로 그 자극을 인식하는 차이점이 삼림욕 효과의 정도나 성질에 반영된다는 두 단계를 상정[67]할 수 있다.

또, 환경설계 및 프로그램의 고안이라는 면에 주목해 보면, Kaltenborn 등[68]은, 자연환경에 대한 가치관에 개인의 다양성을 인정하고, 개인이나 특정 집단의 다양성을 배려한 환경설계의 필요성을 언급하고 있다. 이 점에 주목하면, 삼림욕 기능의 고도 발휘를 목표로 하는 경우에도 이용자의 개인 특성을 고려한 후에, 가장 효과적인 처방전을 제공하는 것이 바람직하다는 것이다. 특히, 삼림욕의 스트레스 감소 효과에는 개인차가 크게 존재한다는 점을 지목하고 있음에 따라, 모든 이용자에게 일정한 수준의 삼림욕 효과를 제공하기 위해서는 이용자의 성격이나 가치관, 지금까지의 삼림과의 관련 경험여부 등의 다양한 개인 특성에 따라 삼림욕의 효과가 보다 고도로 발휘될 수 있는 삼림환경과 체험프로그램의 정비가 이루어져야 한다.

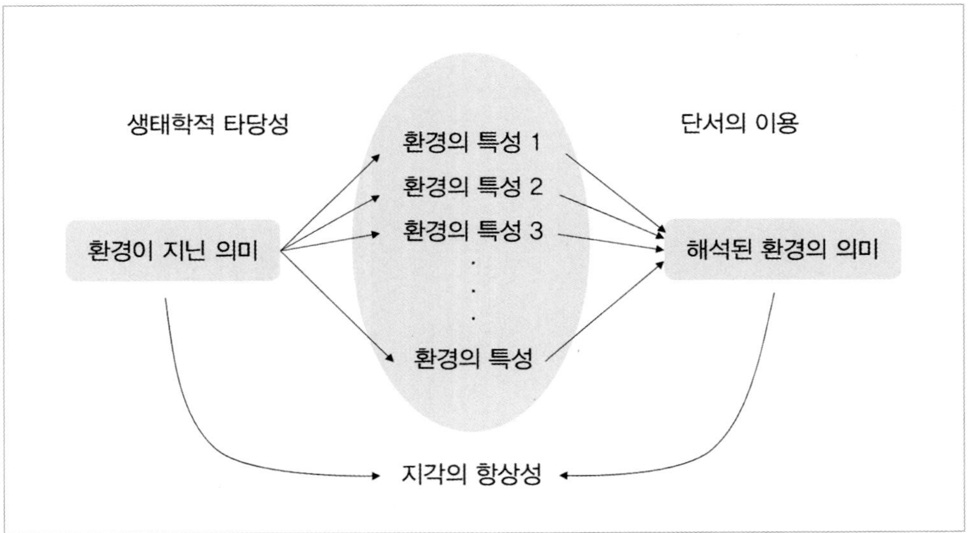

〈그림 34〉 Brunswjk의 렌즈 모델

환경이 갖는 의미를 생태학적 타당성에 따라서 일단 복수의 환경 특성으로 분해하고, 그것들을 단서로 하여 환경을 통합적으로 해석하는 모델. 여기서는 해석을 할 때 단서의 이용방법에 개인 특성이 영향을 미친다는 것을 가정하고 있다.

여기에서는 이용자의 개인 특성과 삼림욕의 심리적 효과의 관계를 조사하는 단서로서 개인 특성과 삼림환경을 파악하는 방법의 관계에 주목하여, 우선 이용자의 개인 특성이 현장에서 삼림환경의 인상 평가에 어떻게 반영되는지를 알아보고자 한다.

B 조사 방법

1. 실험의 개요

여기서의 검토 대상이 되는 것은 A현 X시, B현 Y쵸, C현 Z촌의 삼림조사지이다. 여기에서는 삼림환경의 인상 평가나 삼림욕의 심리적 효과와 개인 특성과의 관계에 대해 설명한다.

피실험자는 조사지 근교의 대학에 통학하는 20대 초반의 남자 대학생 및 대학원생 각 10~12명(총 33명)이다.

삼림욕 실험 자체는 위와 같다. 다만 각 삼림욕 실험을 하기 전날, 피험자의 개인 특성을 알아보기 위해 실시한 프로필 설문, NEO-FI, GSES, TBS-test에의 회답 결과를 분석하였다. 자세한 내용에 대해서는 뒤에서 다시 설명하기로 한다. 또, 삼림욕 실험은 피험자가 보행(산책) 활동과 좌관 활동을 하도록 하며, 오전에 보행 활동을 먼저 하게 하고, 이어 오후에 좌관 활동을 실시하였다. 실제로 삼림욕 실험을 실시하는 동안에는 다른 여러 가지 실험 및 조사를 행하였으나, 여기에서는 호텔에서 실시한 개인 특성의 조사 결과와 좌관 활동의 종료 후에 현장에서 SD법 조사표를 사용하여 삼림환경의 인상 평가를 구한 결과의 관계를 통계적으로 분석하는 것으로, 이용자의 개인 특성이 현장에서 삼림환경의 인상 평가에 어떻게 영향을 미치는지에 대해 조사를 시도하였다. 본장에서 분석 대상으로 하는 것은 그림 35에 도식된 부분이다.

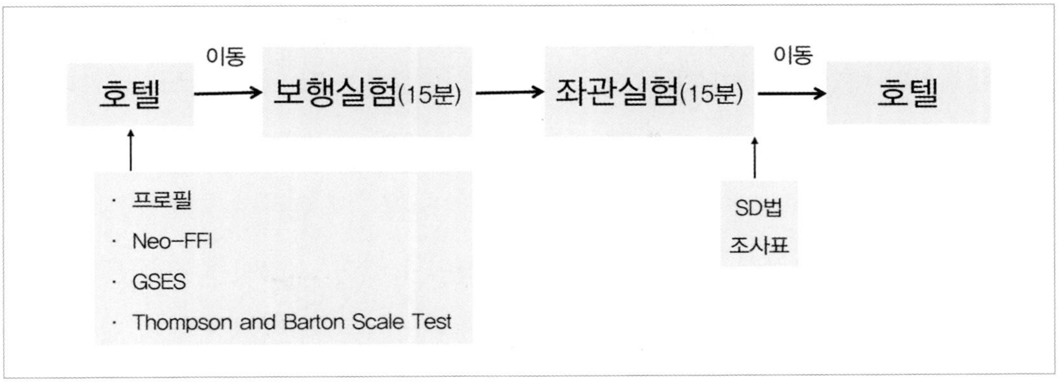

〈그림 35〉 제Ⅱ부 제1장과 관계되는 조사를 실시한 타이밍(개인 특성×SD법)

개인 특성은 첫날밤에 호텔 방에서, SD법은 좌관실험 종료 후에 현장에서 실시했다.

2. 개인 특성에 대한 생각

일반적으로 personality(특성)의 정의는 일상 범위에서 생각할 수 있는 것, 학술적인 것 등 다양하다. 여기서 심리학 범주의 정의를 몇 가지 소개하면, personality에 대해서는 Allport(1937)의 "personality는 환경에 대한 독자적인 적응을 결정하는 개인 내의 역동적인 심리적·생리적 체제이다"라고 하는 정의가 가장 오래된 것 중에 하나이며 그 후에 Cattell(1950) 및 Eysenck(1967)의 정의 등이 유명해졌다. 그러나 여기에서는 가장 포괄적이면서 새로운 Pervin&John(1997)의 "personality는 개인의 감정이나 사고, 행동 등의 일관된 패턴을 기술하는, 그 개인의 특징"이라는 정의의 입장을 채택하였다. 즉, 이 책에서 개인 특성으로 기술하는 경우에는, 상기의 Pervin&John(1997)의 personality의 정의로, 개인 특성을 적용한다.[69)]

또 무수히 많은 개인 특성을 추출하고, 삼림환경에 특유한 제약이나 해결방법에 대해 대응 가능한 범위를 상정하고, 나아가 삼림욕에 이바지하는 삼림환경의 soft 및 hard

적인 응용에 대해서 검토하기 위해서는 우선 삼림욕의 심리적인 효과와 강하게 관련된 어떤 대표적인 개인 특성을 지표로 선정하고, 분석대상으로 할 필요가 있다. 거기서 우선 삼림욕의 심리적 효과의 정도는 각자의 성격, 기질과 일상적인 불안감[70], 만족감[71]이 관여하고 있다는 보고에 주목하였다. 또 다카야마 등[72]에 의해서, 친밀한 삼림을 대상으로 한 만남 활동 참여 여부에 개인의 가치관이나 관심, 삼림과의 관련 이력 등의 관계가 지적되고 있으며, 이들에 대해서도 삼림욕의 심리적 효과와 관련이 깊을 것으로 예상되었다. 이러한 이유로 이미 소개한 대로 개인 특성의 대표성을 고려하고 ① 개인적 배경 및 경험, ② 성격 특성, ③ 인생에 대한 만족감, ④ 가치관 및 관심의 4가지 관점에 주목하고 조사를 하기로 하였다.

더 상세하게 말하자면, ①은 삼림에 대한 지식·선호도와 거주지 자연환경의 정도 등 개인적 경험과 이력 등이다. 그것들을 파악하기 위해, "프로필 설문지"를 작성하고 조사에 이용하였다. ②는 피험자의 성격 특성을 파악하기 위해서, "Neo-FFI"를 이용하였다. ③은 피험자의 자기효능감(自己效力感)을 파악하기 위해서, "GSES"를 이용하였다. ④는 피험자의 자연환경에 대한 가치관, 관심도에 대해 파악하기 위해 "TBS-test"를 이용하였다.

C 분석 방법

삼림 환경의 인상 평가에 각 개인 특성의 지표가 어떠한 영향을 나타낼지에 대한 가능성이 있는지를 알아볼 수 있으면, 보다 합리적이고 간결하게 삼림 환경의 인상 평가와 개인 특성과의 인과 관계를 파악할 수 있게 된다. 그리고 시각이나 청각 등의 오감마다 형용사쌍을 분류해 정리해 둔다면, 삼림욕의 통합적인 효과를 보다 분석적으로 기술할 수 있다. 거기서 전체 피험자에 대해서 실시된 SD법 25항목의 득점을 목적 변수로서 더욱 개인 특성의 17지표의 득점을 설명 변수로 한 다중회귀분석을 하고 형용사쌍의 의미 내용에 따라서 미각을 제외한 시각(표 12), 청각(표 13), 촉각(피부 감각)(표 14), 후각(표 15) 오감과 물적 환경의 종합 평가(표 16), 주관적 인상의 종합 평가(표 17)에 각 형용사쌍을 분류하여 형용사쌍×개인 특성의 인과 관계 정리하기로 하였다(그림 36).

또 분석 시에 각 목적 변수에 대해서 어느 설명 변수가 유효하게 관련되어 있는지에 대해서, 가능한 한 정밀하고 간결하게 파악하기 위해 다중회귀분석의 분석 방법 가운데 하나인 스텝와이즈법(Step-wise method; 변수 선택법)에 따라 변수 압축을 실시하였다. 스텝와이즈법은 다중회귀분석에서 설명 변수를 1개씩 더하거나 제거하여 최적인 회귀식(전망치)을 선택하는 과정이다. 결과를 이하에 소개한다.

또 표 12~17의 결과를 정리하고 표 18에 개인 특성과 형용사쌍과의 관계에 대해서 정리하였다. 아래에서는 이 표 18을 중심으로 고찰을 실시한다.

예 : $$Y_{1(\text{밝다 - 어둡다})} = \beta_1 X_{1(\text{삼림이 좋은지의 여부})} + \beta_2 X_{2(\text{삼림에 대한 흥미})} + \cdots\cdots + \beta_{17} X_{17(\text{환경 무관심})} + \overset{\text{定數項}}{\alpha}$$

〈그림 36〉 다중회귀분석의 사고방식

SD법 25항목을 목적 변수(Y), 개인 특성의 17지표를 설명 변수(X)로 하여 분석했다.

〈표 12〉 다중회귀분석의 결과(시각과 관계되는 형용사와 개인특성 지표)

변수명	시각						
	밝다 (1) - 어둡다 (7)	개방적인 (1) - 폐쇄적인 (7)	보기싫은 (1) - 아름다운 (7)	정연한 (1) - 정연하지 못한 (7)	햇빛에 편한 (1) - 햇빛에 눈부신 (7)	한산하다 (1) - 울창하다 (7)	평면적인 (1) - 입체적인 (7)
삼림이 좋은가의 여부							
삼림에 대한 흥미							
삼림에 대한 지식량							
과거에 자연과 접촉한 기회					0.356 *		
과거 거주지 주변의 녹색량	0.350 *	0.254	0.415 *			-0.525 **	
현재 자연과 접촉하는 기회					0.311		
신경증 경향	-0.291		0.481 *	0.283		0.433 **	0.318 *
외향성	0.261						
개방성						-0.286 *	
조화성			0.275		-0.251		
성실성							
실패에 대한 불안							
행동에 대한 적극성							0.228
능력의 사회적 위치	0.357 *		0.551 **				
생태계 중심 주의성							0.356 *
인간중심 주의성	0.648 **			-0.531 **		-0.800 **	
환경무관심				-0.227			
수정완료 결정계수 R^2	0.398	0.034	0.277	0.228	0.205	0.608	0.275
다중상관계수 R	0.702	0.254	0.606	0.548	0.529	0.810	0.585
다중회귀식	0.002 **	0.154	0.010 *	0.015 *	0.022 *	0.000 **	0.006 **

** : $p<0.01$, * : $p<0.05$

진하게 칠한 부분은 변수선택법에 의해 선택된 개인특성 지표의 편회귀계수. 유의한 관계는 별표로 표기하였다. 시각적인 평가의 대표 사례로서 「보기 싫다 – 아름답다」에 주목하면, 「과거 거주지 주변의 녹색량」이 많을 것, 「신경증 경향」이 높을 것, 「능력의 사회적 위치」가 높을 것 등이 삼림환경을 아름답다고 평가하는 인자가 되고 있다는 점 등을 알 수 있다.

〈표 13〉 다중회귀분석의 결과(청각)

변수명	청각	
	조용하다 (1) - 시끄럽다 (7)	좋은 소리가 들린다 (1) - 싫은 소리가 들린다 (7)
삼림이 좋은가의 여부		-0.286
삼림에 대한 흥미	-0.469 **	-0.366 *
삼림에 대한 지식량		
과거에 자연과 접촉한 기회		
과거 거주지 주변의 녹색량		
현재 자연과 접촉하는 기회		-0.266
신경증 경향	0.488 **	
외향성		
개방성		
조화성		0.340 *
성실성		
실패에 대한 불안		
행동에 대한 적극성		0.352 *
능력의 사회적 위치		-0.323 *
생태계 중심 주의성		
인간중심 주의성	-0.534 **	
환경무관심		
수정완료 결정계수 R^2	0.417	0.366
다중상관계수 R	0.687	0.696
다중회귀식	0.000 **	0.005 **

** : $p<0.01$, * : $p<0.05$

진하게 칠한 부분은 변수선택법에 의해 선택된 개인특성 지표의 편회귀계수. 유의한 관계는 별표로 표기하였다. 예를 들면, ① 청각에 관하여, 「삼림에 대한 흥미」가 적다는 것, 「신경증 경향」이 높을 것, 「인간중심 주의성」이 낮은 것이 삼림환경에 대해 보다 정적이라는 평가를 높이는 인자가 되고 있다는 것, ② 피부감각에 관해 「삼림이 좋은가의 여부」에서 좋은 것, 「신경증 경향」이 높은 것, 「외향성」이 높은 것, 「능력의 사회적 위치」가 높은 것, 「환경 무관심」이 높은 것이, 삼림환경에 대해 보다 시원하다고 하는 평가를 높이는 인자가 되고 있다는 것, ③ 후각에 관하여 「과거에 자연과 접촉한 기회」가 많을 것, 「조화성」이 낮을 것, 「실패에 대한 불안」이 낮을 것, 「능력의 사회적 위치」가 낮을 것이, 삼림환경에 대해 좋지 않은 냄새가 난다라는 평가를 높이는 인자가 되고 있다는 점을 알 수 있다.

〈표 14〉 다중회귀분석의 결과(촉각(피부감각))

변수명	촉각 (피부감각) 따뜻하다 (1) - 차갑다 (7)	건조하다 (1) - 축축하다 (7)
삼림이 좋은가의 여부	0.368 *	
삼림에 대한 흥미		
삼림에 대한 지식량		
과거에 자연과 접촉한 기회		
과거 거주지 주변의 녹색량		
현재 자연과 접촉하는 기회		
신경증 경향	0.679 **	0.295
외향성	0.393 *	0.432 *
개방성	-0.263	
조화성		-0.406 *
성실성		
실패에 대한 불안		
행동에 대한 적극성		
능력의 사회적 위치	0.544 **	
생태계 중심 주의성		
인간중심 주의성		-0.399 *
환경무관심	0.350 *	
수정완료 결정계수 R^2	0.386	0.293
다중상관계수 R	0.708	0.617
다중회귀식	0.004 **	0.008 **

** : $p<0.01$, * : $p<0.05$

진하게 칠한 부분은 변수선택법에 의해 선택된 개인특성 지표의 편회귀계수. 유의한 관계는 별표로 표기하였다. 예를 들면, ① 청각에 관하여, 「삼림에 대한 흥미」가 적다는 것, 「신경증 경향」이 높을 것, 「인간중심 주의성」이 낮은 것이 삼림환경에 대해 보다 정적이라는 평가를 높이는 인자가 되고 있다는 것, ② 피부감각에 관해 「삼림이 좋은가의 여부」에서 좋은 것, 「신경증 경향」이 높은 것, 「외향성」이 높은 것, 「능력의 사회적 위치」가 높은 것, 「환경 무관심」이 높은 것이, 삼림환경에 대해 보다 시원하다고 하는 평가를 높이는 인자가 되고 있다는 것, ③ 후각에 관하여 「과거에 자연과 접촉한 기회」가 많을 것, 「조화성」이 낮을 것, 「실패에 대한 불안」이 낮을 것, 「능력의 사회적 위치」가 낮을 것이, 삼림환경에 대해 좋지 않은 냄새가 난다라는 평가를 높이는 인자가 되고 있다는 점을 알 수 있다.

〈표 15〉 다중회귀분석의 결과(후각)

변수명	후각	
	냄새가 난다 (1) - 냄새가 없다 (7)	좋은 냄새가 난다(1) - 싫은 냄새가 난다 (7)
삼림이 좋은가의 여부		
삼림에 대한 흥미		-0.229
삼림에 대한 지식량		
과거에 자연과 접촉한 기회		0.399 **
과거 거주지 주변의 녹색량		
현재 자연과 접촉하는 기회		
신경증 경향		
외향성	0.244	
개방성	-0.324	
조화성	-0.318	-0.471 **
성실성		
실패에 대한 불안		-0.441 *
행동에 대한 적극성		
능력의 사회적 위치		-0.553 **
생태계 중심 주의성		
인간중심 주의성		
환경무관심		
수정완료 결정계수 R^2	0.160	0.439
다중상관계수 R	0.488	0.726
다중회귀식	0.045 *	0.001 **

** : $p<0.01$, * : $p<0.05$

진하게 칠한 부분은 변수선택법에 의해 선택된 개인특성 지표의 편회귀계수. 유의한 관계는 별표로 표기하였다. 예를 들면, ① 청각에 관하여, 「삼림에 대한 흥미」가 적다는 것, 「신경증 경향」이 높을 것, 「인간중심 주의성」이 낮은 것이 삼림환경에 대해 보다 정적이라는 평가를 높이는 인자가 되고 있다는 것, ② 피부감각에 관해 「삼림이 좋은가의 여부」에서 좋은 것, 「신경증 경향」이 높은 것, 「외향성」이 높은 것, 「능력의 사회적 위치」가 높은 것, 「환경 무관심」이 높은 것이, 삼림환경에 대해 보다 시원하다고 하는 평가를 높이는 인자가 되고 있다는 것, ③ 후각에 관하여 「과거에 자연과 접촉한 기회」가 많을 것, 「조화성」이 낮을 것, 「실패에 대한 불안」이 낮을 것, 「능력의 사회적 위치」가 낮을 것이, 삼림환경에 대해 좋지 않은 냄새가 난다라는 평가를 높이는 인자가 되고 있다는 점을 알 수 있다.

〈표 16〉 다중회귀분석의 결과(물적환경의 종합평가와 관계되는 형용사와 개인특성 지표)

변수명	물적환경의 종합평가						
	인공적인 (1) - 자연적인 (7)	활기가 없다 (1) - 활기가 있다 (7)	음울한 (1) - 상쾌한 (7)	각성적인 (1) - 진정적인 (7)	신성한 (1) - 속된 (7)	일반적인 (1) - 개성적인 (7)	건강한 (1) - 건강하지 못한 (7)
삼림이 좋은가의 여부					-0.335 *		
삼림에 대한 흥미							
삼림에 대한 지식량							
과거에 자연과 접촉한 기회				-0.311	0.318	0.414 *	
과거 거주지 주변의 녹색량		-0.402 *					
현재 자연과 접촉하는 기회							
신경증 경향		0.479 **				0.245	
외향성		-0.447 **					
개방성	-0.310		-0.281				
조화성							
성실성				-0.250	0.485 **		0.331
실패에 대한 불안							
행동에 대한 적극성	0.272						
능력의 사회적 위치	0.524 **		0.369		-0.609 **		-0.356
생태계 중심 주의성							
인간중심 주의성		-0.373 *					
환경무관심							
수정완료 결정계수 R^2	0.296	0.367	0.078	0.065	0.342	0.151	0.104
다중상관계수 R	0.602	0.668	0.368	0.351	0.651	0.451	0.400
다중회귀식	0.004 **	0.002 **	0.113	0.139	0.003 **	0.033 *	0.073

** : $p<0.01$, * : $p<0.05$

진하게 칠한 부분은 변수선택법에 의해 선택된 개인특성 지표의 편회귀계수. 유의한 관계는 별표로 표기하였다. 물리환경의 종합평가와 관계되는 대표 사례로서 「활기가 없다 - 활기 있다」에 주목하면, 「과거 거주지의 녹색량」이 적을 것, 「신경증 경향」이 높을 것, 「외향성」이 낮을 것, 「인간중심주의성」이 낮을 것이 삼림환경에 대해 활기가 있다고 평가하는 인자로 되어 있다는 점 등을 알 수 있다.

〈표 17〉 다중회귀분석 결과(주관적 인상의 종합 평가에 관련된 형용사와 개인 특성의 지표)

변수명	물적환경의 종합평가				
	쾌적한 (1) - 불쾌한 (7)	친숙해지기 쉬운 (1) - 친숙해지기 어려운 (7)	불안한 (1) - 안심한 (7)	싫은 (1) - 좋은 (7)	안절부절한 (1) - 침착한 (7)
삼림이 좋은가의 여부	-0.279	-0.472 **	0.294 *	0.681 **	
삼림에 대한 흥미					
삼림에 대한 지식량					
과거에 자연과 접촉한 기회			-0.324 *		
과거 거주지 주변의 녹색량	-0.421 *		0.451 **		0.493 **
현재 자연과 접촉하는 기회	-0.237				0.232
신경증 경향		-0.294		0.489 **	
외향성			-0.380 *		
개방성					
조화성					
성실성					
실패에 대한 불안					
행동에 대한 적극성		0.293		-0.343 **	-0.385 *
능력의 사회적 위치	-0.332 *		0.607 **	0.532 **	0.531 **
생태계 중심 주의성					0.309 *
인간중심 주의성					0.397 *
환경무관심				0.265	
수정완료 결정계수 R^2	0.237	0.250	0.434	0.542	0.423
다중상관계수 R	0.577	0.566	0.723	0.784	0.729
다중회귀식	0.020 *	0.010 **	0.001 **	0.000 **	0.002 **

** : $p<0.01$, * : $p<0.05$

진하게 칠한 부분은 변수선택법에 의해 선택된 개인특성 지표의 편회귀계수. 유의한 관계는 별표로 표기하였다. 주관적인상의 종합평가와 관계되는 대표 사례로서 「싫어하는 - 좋아하는」에 주목하면, 「삼림이 좋은가의 여부」에서 좋은 것, 「신경증 경향」이 높을 것, 「행동의 적극성」이 낮을 것, 「능력의 사회적 위치」가 높을 것 등이 삼림환경에 대해 보다 좋다고 평가하는 인자로 되어 있다는 점 등을 알 수 있다.

D 분석 결과와 고찰

그렇다면 4개의 개인 특성 조사표 별로 나누어, 어느 개인 특성의 지표가 삼림환경의 인상 평가에 영향을 주고 있었는지에 주목하고 분석 결과를 검토·고찰하고자 한다.

1. 삼림환경의 인상 평가와 개인 특성

우선, 프로필 설문과 삼림환경의 인상 평가와의 스텝와이즈법에 의한 다중회귀분석 결과를 아래에 설명한다(표 18).

〈표 18〉 다중회귀분석의 결과(시각과 관계되는 형용사와 개인특성 지표)

개인특성 지표	개인특성 지표의 변화	삼림환경의 인상평가에 미치는 영향
삼림이 좋은가의 여부	「삼림이 좋은가의 여부」가 상승하면?	「친근함」, 「호감」이 상승한다
삼림에 대한 흥미	「삼림에 대한 흥미」가 상승하면?	「고요함」, 「좋은 소리가 난다」가 상승한다
삼림에 대한 지식량	「삼림에 대한 지식량」이 상승하면?	특별히 삼림에 대한 인상평가에 관여하지 않는다
과거에 자연과 접촉한 기회	「과거에 자연과 접촉한 기회」가 상승하면?	「위험성」, 「빛의 눈부심」, 「역겨운 냄새가 난다」가 상승한다
과거 거주지 주변의 녹색량	「과거 거주지 주변의 녹색량」이 상승하면?	「어두움」, 「활기없음」, 「아름다움」, 「안심」, 「한산함」, 「침착함」이 상승한다
현재 자연과 접촉하는 기회	「현재 자연과 접촉하는 기회」가 상승하면?	특별히 삼림에 대한 인상평가에 관여하지 않는다

개인특성 지표	개인특성 지표의 변화	삼림환경의 인상평가에 미치는 영향
신경증 경향	「신경증 경향」이 상승하면?	「활기있는」, 「소란함」, 「아름다움」, 「서늘함」, 「울창한 느낌」, 「입체성」, 「호감」이 상승한다
외향성	「외향성」가 상승하면?	「활기가 없음」, 「서늘함」, 「위험성」, 「축축함」이 상승한다
개방성	「개방성」이 상승하면?	「울창한 느낌」이 상승한다
조화성	「조화성」이 상승하면?	「싫은 소리가 난다」, 「좋은 냄새가 난다」, 「마른 느낌」이 상승한다
성실성	「성실성」이 상승하면?	「세속적인」이 상승한다
실패에 대한 불안	「실패에 대한 불안」이 상승하면?	「좋은 냄새가 난다」가 상승한다
행동에 대한 적극성	「행동에 대한 적극성」이 상승하면?	「싫은 소리가 난다」, 「싫어하는」, 「진정이 안됨」이 상승한다
능력의 사회적 위치	「능력의 사회적 위치」가 상승하면?	「어두움」, 「자연스러움」, 「쾌적함」, 「아름다움」, 「좋은 소리가 난다」, 「서늘함」, 「안심감」, 「신성함」, 「좋은 냄새가 난다」, 「호감」, 「안정」이 상승한다
생태계 중심 주의성	「생태계 중심 주의성」이 상승하면?	「입체적인」, 「안정」이 상승한다
인간중심 주의성	「인간중심 주의성」이 상승하면?	「어두움」, 「활기 없음」, 「조용함」, 「정연한 느낌」, 「한산한 느낌」이 상승한다
환경무관심	「환경무관심」이 상승하면?	「시원함」이 상승한다

다중회귀분석의 결과를 토대로 개인특성 지표의 변화와 삼림환경의 인상평가 관계를 정리했다. 이 표로부터는 예를 들면, 개인특성 지표의 하나인 「신경증 경향」이 상승하면 삼림환경에 대하여 「활력이 있다」, 「소란함」, 「아름다움」, 「서늘함」, 「울창한 느낌」, 「입체성」, 「호감」의 인상평가가 상승하는 것 등이 판독된다.

① 「삼림이 좋은가의 여부」에 주목하면 삼림을 좋아하는 것은 삼림에 대한 「친근함」, 「호감」의 인상을 상승시킨다. 따라서 삼림을 좋아하는지 아닌지는 삼림에 대한 친근함이나 호감을 높이는 인자일 가능성이 있을 것 같다.

② 「삼림에 대한 흥미」가 있는 것은 삼림에 대한 「고요함」, 「좋은 소리가 난다」는 인상을 상승시키고 있다. 따라서 삼림에 대한 흥미는 삼림환경에서의 조용함이나 좋은 소리가 난다는 인상을 높이는 인자의 가능성이 있을 것 같다.

③ 「삼림에 대한 지식량」이 풍부한 것은, 삼림에 대한 인상 평가에 특별히 관여하고 있지 않다. 이 관계를 단적으로 파악하면, 삼림환경의 평가에는 이용자의 주관적인 지식의 많고 적음은 그다지 관계되어 있지 않을 가능성이 있을 것 같다.

④ 「과거에 자연과 접촉한 기회」가 많은 것은 삼림에 대한 「위험성」, 「빛의 눈부심」, 「역겨운 냄새가 난다」는 인상을 상승시키고 있다. 따라서, 과거에 자연과 접촉한 기회가 많은 것은 삼림에 대한 위험성, 빛의 눈부심, 역겨운 냄새가 나는 것을 높이는 인자일 가능성이 있다. 이와 같이 과거의 자연체험이 많고 적음은 반드시 삼림환경을 그렇다고 하는 것으로 이어지지 않고, 오히려 지금까지의 경험을 토대로 삼림 내를 위험하게 느끼는 등의 부정적인 인상을 상기시킬 가능성도 있을 것 같다.

⑤ 「과거 거주지 주변 녹색의 양」이 많은 것은, 삼림에 대한 「어두움」, 「활기없음」, 「아름다움」, 「안심」, 「한산함」, 「침착함」의 인상을 상승시키고 있다. 과거의 거주지에 녹색의 양이 많으면 그렇지 않은 경우보다 삼림을 포함한 녹지 전반에 대한 익숙함과 이해가 진전되는 것을 그 이유로 생각할 수 있을 것 같다. 또한 이 지표는 안심감이나

침착성을 높이는 요인 이외에도, 삼림환경에 대한 아름다움 등의 긍정적인 인상을 높이지만, 한편으로는 어둡고 활기가 없으며 한산하다는 인상을 높이는 인자도 되는 등, 다른 프로필의 지표와 비교해도 평가에 많은 영향을 주고 있을 가능성이 있다.

⑥「현재의 자연에 접할 수 있는 기회」의 많고 적음은 삼림에 대한 인상 평가에 특별히 관여하고 있지 않다. 모든 분석에 있어서 삼림환경의 인상평가에 유의한 관계를 볼 수 없었다. 당초 현재의 자연에 접할 기회가 많으면, 삼림에 대해서도 보다 긍정적인 평가가 될 것을 상정하고 있었지만, 실제로는 다른 요인에 비해, 또한 우리가 생각하는 것만큼 현재의 기회는 인상평가에 영향을 미치지 않을지도 모른다.

2. 삼림환경의 인상 평가와 성격 특성

다음은 마찬가지로 〈표 18〉에 주목하여 Neo-FFI와 산림환경의 인상 평가와의 스텝와이즈법에 의한 다중회귀분석 결과를 이하에 설명한다.

①「신경증 경향」이 높은 것은 삼림환경의 인상평가 중「활기 있는」,「소란함」,「아름다움」,「서늘함」,「울창한 느낌」,「입체성」,「호감」을 상승시키고 있다. 신경증 경향은 성격 척도 중에서 가장 넓게 침투해 있는 차원이며, 일반적으로 이 득점이 높은 사람은 남보다 스트레스에 대한 대처능력이 낮은 것에 비해, 득점이 낮은 사람은 정신적으로 안정되어 있고 스트레스가 많은 상황에도 당황하지 않고 대처할 수 있다[73)]고 되어 있다. 따라서 신경증 경향이 높은 것은, 삼림환경에 대해 활기, 소란함, 아름다움, 시원함, 울창한 느낌, 입체성, 호감의 인상 평가를 높이는 인자일 가능성이 있을 것 같다.

또한, 「활기찬」의 의미는, 피험자는 단독으로 보행 및 좌관을 하고 있음에 따라 사람이나 소리 때문에 활기찬 삼림환경의 상태를 의미하는 것이 아니라, 신경성 경향이 높은 사람일수록 수목과 식물로 구성된 삼림 내 환경에 활기, 즉 생명의 역동감을 느끼고 있다는 것을 의미하는 것으로 생각된다. 이와 같이, 신경증 경향이 높은 사람은 삼림환경을 보다 긍정적인 인상으로 느낄 가능성이 있을 것 같다.

② 「외향성」이 높은 것은, 「활기가 없음」, 「서늘함」, 「위험성」, 「축축함」을 상승시키고 있다. 외향성은 신경성 경향과 함께 성격 척도에 관한 주요 항목의 하나이다. 외향성이 높은 사람은 타인이나 큰 집단과 모임을 좋아하는 것 외에 독단적이고 활동적이며, 반대로 외향성이 낮은 사람은 소극적이며 의존심이 높고 자기 방식대로 하는 경향이 높으며 호기심이 왕성[73]하다고 한다.

외향성이 높다는 것은 삼림환경에 대해서 활기가 없고 서늘함, 위험성, 축축함 등을 높이는 인자로 되어 있지만, 여기서 특히 활기에 주목하면 신경성 경향과는 반대로 외향성이 높으면 활기가 없다고 느끼는 방향으로 평가된다는 것을 알 수 있다. 또한 동시에 외향성이 높으면 삼림환경을 보다 위험성이 높고 습하다고 평가하는 것 같다. 즉, 외향성이 높은 사람은 산림환경에 대해 오히려 지루하고 활기차지 않고 음울하며 일상과는 다른 위험한 환경이라는 인상을 느낄 수 있을 것 같다.

③ 「개방성」이 높다는 것은 「울창한 느낌」을 상승시키고 있다. 개방성이 높은 사람은 적극적인 상상성, 심미안적 감각, 내적 감수성이 강하고 다양성을 좋아하며 판단의 독자성이 있다고 한다. 또 반대로 해방성이 낮은 사람은 행동이나 외모에서 보수적이고 익숙한 것을 좋아하고 감정적 반응은 약간 소극적이라고 한다.[73] 이번 결과에서는,

개방성이 높은 것은 울창함을 높이는 인자로 나타났다. 그러나 이정도의 정보라면, 개방성과 삼림환경의 인상과의 사이에, 구체적인 관련을 지적하는 것은 어려울 것이다.

④「조화성」이 높은 것은「싫은 소리가 난다」,「좋은 냄새가 난다」,「마른 느낌」을 상승시키고 있다. 조화성이 높은 사람은 기본적으로 이타적이라고 하며, 사회적으로 선호되고 심리학적으로도 건강한 사람이다. 반대로 조화성이 낮은 사람은 협조성이 떨어지고 적대적이며 경쟁적이라고 할 수 있지만 경쟁적인 분야에서 종종 이점이 될수 있다는 점도 잘 알려진 사항이다.[73)]

이번 결과에서는,「조화성」이 높은 것은 싫은 소리가 난다, 좋은 냄새가 난다, 마른 느낌을 준다는 것을 높이는 인자로 되어 있으나, 앞에서 기술한 바와 같이 조화성이 높다고 하는 성격 특성의 소유자는 심리학적으로 건강한 것과 관련이 깊다고 할 수 있다. 그 점을 감안하면 그런 사람들이 삼림환경에 대해서, 싫은 소리가 나거나 마른 느낌이 드는 등의 부정적인 인상을 가지는 것은 삼림 내부에 머물고 있는 동안에 실은 그만큼 스트레스 감소 효과를 느낄 필요가 없었다는 것이 그러한 부정적인 인상을 가지게 한 이유일지도 모른다. 그러나 한편으로는 좋은 냄새가 난다는 긍정적인 인상으로도 연결되어 있는 경우도 있어, 역시 명확한 경향을 나타내기는 어렵다는 것이다.

⑤「성실성」이 높다는 것은「세속적인」 인상을 상승시키고 있다. 일반적으로 성실성이 높은 사람은 목적을 가지는 의사가 강하고 단호하다.[73)] 이번 결과에서는, '성실성' 높은 것은 삼림환경에 대해서 세속적인 인상을 높이는 인자가 되어 있었으나 그 이유에 대해서 조금 생각해 보면, 예를 들어 조사지가 된 삼림환경이 삼림욕 실험을 위해서 정비된, 즉 어느 정도 사람의 손길이 가해진 것을 느낄 수 있는 환경이었다는 것 등

이 관련되어 있을 것이다. 즉, 성실성이 높은 사람들은 삼림을 방문하기 이전에 그리던 인상과 비교하여 실제 삼림이 그보다 더 신성하지 않고 인공적인, 이른바 세속적인 환경으로 파악되었을 가능성도 부정할 수 없다.

3. 삼림환경의 인상 평가와 자기효능감(自己效力感)

마찬가지로 〈표 18〉에서 GSES와 삼림환경의 인상 평가와의 스텝와이즈법에 의한 다중회귀분석 결과를 설명한다.

① 「실패에 대한 불안」이 높은 것은 「좋은 냄새가 난다」를 상승시키고 있다. 냄새의 감도와의 관계에 대해서는 매우 흥미로운 결과이나, 상호 인과관계에 대해서는, 현재 상태에서는 불분명한 점이 많아 향후 더 많은 연구가 필요할 것이다.

② 「행동의 적극성」이 높은 것은 「싫은 소리가 난다」, 「싫어하는」, 「진정이 안됨」을 상승시키고 있다. 행동의 적극성이 높은 사람은 탐색적인 활동을 좋아하는 사람들일 것을 가정하면, 삼림환경 그것이 일상적인 환경과 비교하여 높은 자연성을 느끼는 한편, 너무 단조로워 차분하지 못한, 싫은 소리가 나는, 좋지 않은 환경이라는 인상을 품은 것 등을 생각할 수 있을 것이다.

③ 「능력의 사회적 위상」이 높은 것은 「어두움」, 「자연스러움」, 「쾌적함」, 「아름다움」, 「좋은 소리가 난다」, 「서늘함」, 「안심감」, 「신성함」, 「좋은 냄새가 난다」, 「호감」, 「안정」을 상승시키고 있다. 즉, 능력의 사회적 위상이 높은 것은 삼림환경의 어두움, 자연스러움, 쾌적함, 아름다움, 좋은 소리 및 좋은 냄새가 나는 것, 시원함, 안심감, 신

성함, 선호함, 침착함 등의 평가를 높이는 중요한 인자라고 할 수 있을 것 같다.

이와 같이 능력의 사회적 위상이 많은 인상을 긍정적으로 높이는 이유를 생각해 보자. 우선, 능력의 사회적 위상이란 스스로의 능력이 사회적으로 통하는 정도에 대해서, 모든 사람들이 갖는 자신감의 정도를 의미하고 있다. 즉, 그러한 심리적인 안정감이 삼림환경의 내부에서 오감을 개방하고, 적극적으로 삼림환경 요소를 도입하여 삼림욕의 효과를 만끽하려는 방향으로 의식을 유도하여 결과적으로 삼림 환경에 대한 긍정적인 인상을 높이게 되었다는 것을 생각할 수 있다.

4. 삼림환경의 인상 평가와 가치관·관심

마지막으로 〈표 18〉에서 TBS-test와 삼림환경 인상 평가와의 스텝와이즈법에 의한 다중회귀분석 결과를 설명한다.

①「생태계 중심주의성」이 높은 경우는「입체적인」,「안정」항목이 높았다. 즉, 자연환경에 대한 가치관을 조사하는 지표인 생태계 중심주의성이 높은 것은 입체감, 침착감을 높이는 인자가 되어있다고 할 수 있을 것이다. 이것은 즉, 생태계의 가치에 대해서 중시하는 경향이 있는 사람은 거기에 사는 생물의 숨결 등을 느끼고, 스스로의 생존 기반의 하나인 삼림환경을 참여적이고 주의 깊게, 중층적이고 입체적으로 관찰하려는 것이다. 또한 그러한 생태계의 풍요로움을 느끼는 삼림환경에 대해서 생태계 중심주의성이 높은 사람들이 침착하다는 인상을 주는 것은 극히 자연스러운 흐름인 것 같다.

② 「인간 중심주의성」이 높은 경우는, 「어두움」, 「활기 없음」, 「조용함」, 「정연한 느낌」, 「한산한 느낌」의 항목이 높았다. 즉, 자연환경에 대한 가치관을 알아보는 하나의 지표인 인간중심주의성이 높은 것은 어둠, 활기 없음, 조용함, 깔끔함, 휴식감, 침착하고 마른 느낌이 든다는 인상을 높이는 인자가 되어 있다고 할 수 있을 것 같다. 종합적으로 말하면, 인간중심주의적인 가치관은 삼림환경의 인상평가에 있어서 정돈되고 차분한, 조용한 인상을 높이는 작용을 하고 있어서 비유하자면 마치 조감적인 구도로 그려진 삼림의 그림을 감상할 때와 같은 모종의 객관적인 평가를 촉진하는 태도를 형성하는 효과가 있을지도 모른다.

③ 「환경 무관심」이 높은 경우는 「시원함」의 항목이 높게 나타났다. 즉, 환경에 무관심하다는 것은 삼림환경의 시원함을 높이는 인자인 것을 알 수 있다. 일반적으로 환경에 무관심한 사람은 그다지 자연환경이나 삼림환경에 대해 흥미를 갖고 있다고 생각하지 않는다. 즉, 실제 자연환경이나 삼림환경을 체험할 기회가 그다지 없었으나, 이번 삼림욕 실험을 위해 삼림환경을 접한 사람들이 실제 삼림을 체험하고, 그 다면적 기능의 하나인 미세기후적 조절기능(이 경우는 삼림 외 공간보다도 더 시원한 것)을 체험함으로써 관심과 체험의 많은 사람에 비해 예상외로 삼림 내의 시원함에 대해서 반응했다는 것 등을 생각할 수 있다.

정리

지금까지의 고찰 결과를 정리하여, 삼림환경 설계 및 프로그램 응용 가능성에 대한 정리를 해보려고 한다.

우선, 프로필 설문 분석 결과에 대해 정리해보자.

① 삼림에 대한 지식이나 현재의 자연스럽게 접촉할 기회는, 대부분 삼림환경의 인상 평가와 관련이 없었다.

② 삼림에 대한 흥미나 기호성은 삼림환경에 대한 평가에 긍정적인 영향을 주고 있었다.

③ 과거에 거주지 주변에 존재했던 녹색의 양은 삼림환경에 대해서 안심할 수 있다는 인상과 관련되어 있었다. 그러나 과거에 자연에 접촉할 기회에 주시하여 생각하면, 반드시 삼림환경의 긍정적인 인상만이 아니라 대상을 잘 알고 있기에 삼림환경이 본래적으로 가지고 있는 위험성이나 어두움, 활기 없음 등의 부정적인 인상을 끌어내는 것도 있었다.

이러한 결과는, 계획자가 바라는 삼림환경에 대한 평가를 이끌어내기 위한 자료로서 매우 유용하다. 예를 들어 기호성이나 흥미가 낮은 사람을 사전에 파악할 수 있다면, 그 사람들에 대해 기호성이나 흥미를 이끌어 낼 것을 촉구하는 삼림환경의 설계나 프로그램을 정비함으로써 삼림에 대한 호의적인 평가를 이끌어내는 식의 방법이 효과적일 수 있는 가능성을 시사하고 있기 때문이다.

다음으로, Neo-FI의 분석 결과에 대해 정리해보자.

① 신경성 경향은 삼림환경에 대한 많은 긍정적인 인상에 관계하고 있었다.

② 외향성은 부정적인 인상에 관계하고 있었다.

③ 개방성은 감수성이라는 점에서 냄새의 느낌이나 입체감에 관계되어 있었다.

④ 조화성은 삼림욕의 필요성이라는 점에서 부정적인 인상에 관계하고 있었다.

⑤ 성실성은 그 특성 때문에 삼림환경이 세속되었다는 인상을 가지는 것에 관계되어 있었다.

이 중 특히 신경성 경향과 외향성의 2점 척도에 주목한다. 이번 실험에서는 피실험자에게 단독으로 조용한 삼림 내를 체험하게 하였으나 신경성 경향이 높고 외향성이 낮은, 즉 불안 장애에 친화성이 높다고 생각되는 피실험자가 삼림 환경에 대해 더 활기 있는 인상을 가진다는 결과를 얻었다. 이것은 신경성 경향이 낮고 외향성이 높은 피험자와 완전히 반대의 결과이다. 따라서 성격 특성의 면에서 볼 때 신경성 경향이 높고 외향성이 낮은 이용자가, 가장 삼림욕의 심리적 효과를 누릴 수 있는 타입의 이용자일지도 모른다.

게다가 GSES의 분석 결과에 대해 정리해보자.

① 실패에 대한 불안과 삼림환경의 인상 평가에서 크게 두드러진 관계를 보지 못했지만, 행동의 적극성이 높은 경우에 삼림환경에 대해서 부정적인 인상을 따르는 것이 나타났다.

② 능력의 사회적 위상이 높은 경우에, 삼림환경에 대해서 긍정적인 인상을 따르는 것이 나타났다.

여기서 행동의 적극성이라는 점에 대해 생각해보면, 본 실험에서 실시하고 있는 삼림욕의 활동이 행동의 적극성이 높은 사람들에게는 지나치게 조용한 활동일 가능성이 있다는 것을 의미하는 것 같다. 따라서 이번 삼림욕의 정의와는 조금 거리가 멀지만, 이러한 경향이 높은 사람들에게는 보다 높은 활동성을 제공함으로써 삼림환경에 대한 긍정적인 인상을 이끌어 낼 수 있게 될 것이다. 한편 능력의 사회적 위치에 착안하면 〈표 18〉에서 많은 형용사의 독립 변수로 꼽히고 있어 모든 지표를 통해서 삼림환경의 인상을 결정짓는 가장 영향력 있는 지표라고 말할 수 있을 것이다.

이러한 관련성을 정리해 둠으로써 삼림욕을 체험하기 전에 이용자의 능력의 사회적 위상을 측정하고 나아가 행동의 적극성에 대해서도 파악해 두면, 어느 정도 각 이용자가 삼림환경에 어떠한 인상을 가길 지에 대해서 사전에 예측할 수 있을 가능성이 있다.

마지막으로 TBS-test 분석 결과에 대해 정리한다.

① 자연 환경에 대한 가치관이 삼림환경에 대해서 따르는 인상에 반영되고 있었다. 한편, 관심은 크게 관련되어 있지 않았다.

② 또한, 인간생활을 우선시하는 가치관이 높은 경우에는 정연하게, 침착하게, 조용히, 마치 그림에 그려진 삼림을 감상하듯이 삼림환경을 평가하는 경향이 있었다. 한편, 생태계를 우선하는 가치관이 높은 경우에는 삼림환경에 대해서 깊은 통찰력을 가지고 관찰을 실시하는 한편, 그 환경 내에서 침착함을 알 수 있었다.

상기의 정리 결과를 근거로 볼 때, 사전에 이용자의 가치관을 조사한다면, 어느 정도 삼림욕의 심리적 효과를 높이는 것이 가능해질 것 같다. 그러기 위해서는, 우선 각 이용자에게 생태계 중심주의성과 인간중심주의성의 가치관이 각각 어느 정도 유지되고 있는지, 혹은 어느 쪽 가치관이 우세한지 알아보는 것이 중요하다. 그 후에, 각 이용자가 원하는 체험의 종류나 목적을 파악하고, 그것들을 종합적으로 고려하여, 삼림욕의 심리적 효과가 가장 고도로 발휘되도록 코스 및 프로그램을 조합하여 제공하는 것이 유효할 것이라고 생각한다. 또, 그러한 다양한 체험을 가능하게 하기 위해서는 단지 다양한 프로그램을 준비하는 것뿐만이 아니라, 식생이나 인위적인 요소의 개입 레벨이 다른 여러 가지 체험이 가능한 코스를 정비하고, 필요에 따라서 적절한 선택을 할 수 있는 환경이 바람직하다고 생각된다.

이상과 같이, 이 장에서는 개인 특성이 현장에서의 삼림환경의 인상평가에 어떻게 반영되는지에 대해서 기초적인 정보를 파악하고, 그것을 기본으로 삼림환경의 설계 등에의 응용 가능성에 대해 검토하였다.

그 결과, 각각의 개인 특성이 특정한 삼림환경의 인상평가에 영향을 주고 있다는 점이 밝혀지고 있다. 그러나, 인상의 평가에서 초래되는 심리적 스트레스 감소 효과와의 연관성에 대해 알아보기 위해서는 그것을 가져오는 계기에 주목하면서 더욱 기분 변화 등의 스트레스 감소 효과 지표와의 연관성에 대해 구체적으로 알아볼 필요가 있다.

제❷장

삼림욕 스트레스 감소 효과의 개인차와 개인특성

A 스트레스 감소 효과에 개인차를 가져오는 요인이란?

지금까지 언급했으나, 삼림욕의 신체적·심리적 효과의 과학적 해명은 최근 몇 년 사이에 급속히 진행되고 있다. 그러나 한편, 삼림욕은 개개인 사이에 생기는 효과상의 차이, 즉 개개인의 차이가 있다는 것도 소개하였다. 예를 들면, 小山 등[74)]은 이용자가 동일한 삼림환경을 체험했다고 하더라도 삼림환경에 대한 인식과 개개인이 누리는 삼림욕의 생리적 효과는 개인차가 있으며, 삼림환경이 갖고 있는 보건휴양기능이 이용자 모두에게 똑같이 향수되고 있는 것이 아님을 현장실험 결과로부터 입증하였다.

또 그러한 차이가 생기는 이유로 삼림산책을 하는 사람들의 지금까지의 숲과의 관계 이력과 숲에서 유래한 지식이나 흥미, 목적, 성별 등 개인 특성이 다르다는 것을 지적하였다.[75~77)] 이것에 대해서는 아직 명확하고 구체적이지는 않지만 삼림환경을 해석할 때에 필터가 되는 이용자 특성들의 같고 다름이 우선 이용자가 삼림 환경에서 의식적·무의식적으로 선택하는 자극의 접근법에 반영되고, 최종적으로 체험을 통해 얻어진 효과의 질이나 정도에 반영된 결과로서 삼림욕의 생리·심리적 효과의 차이가 되어 나타난다는, 일련의 고리를 가정할 수 있다.

향후 적절히 삼림을 관리하고 보건휴양기능의 더 큰 고도발휘를 목표로 해 나가는 데에 있어 이용자의 개인 특성을 고려한 후에 가장 효과적인 처방전을 제공하는 것이 바람직할 것으로 생각된다. 특히, 삼림욕의 효과에 있어 개인차가 크게 작용한다는 점에 입각하여, 모든 이용자에게 어떤 일정 수준의 효과를 보장하기 위해서는 개인 특성에 따라 삼림욕의 스트레스 감소 효과가 보다 고도로 발휘되는 삼림환경과 체험 프로그램의 정비가 이루어질 필요가 있을 것이다.

그래서 여기에서는 이용자의 개인 특성과 삼림욕의 스트레스 감소 효과의 관계를 조사하는 단서로서, 이용자의 개인 특성이 현장에서의 삼림욕의 심리적 효과에 어떻게 반영되는지를 알아보고 상호 관계에 대해 정리해보고자 한다.

B 실험의 개요

조사 대상지 및 피험자 등은 앞 장과 같다.

C 조사 방법

1. 개인 특성을 알아보는 조사표

앞 장과 마찬가지로 프로필 설문(개인적 배경 및 지식·경험), Neo-FFI(Neo Five Factor Inventory), GSES(General Self Efficacy Scale), TBS test(Thompson and Barton Scale-test)의 4개 조사표를 실시한 결과를 분석 대상으로 한다.

2. 삼림욕의 심리적 효과를 알아보는 조사표

삼림욕의 심리적 효과를 조사하기 위해서, 보행 실험 및 좌관 실험 전후에 현장에서 POMS 단축판(이후 POMS라 한다)을 이용한 조사를 실시하였다. 실험 후, 신속하게 6점 척도(긴장 - 불안, 우울 - 침체, 분노 - 적대감, 활기, 피로, 혼란)마다 T점수를 산출하고 분석을 실시했다. POMS는 〈그림 37〉과 같이 보행 실험 전·후(보행 전후), 좌관 실험 전·후(좌관 전후) 등 4회 실시하였다.

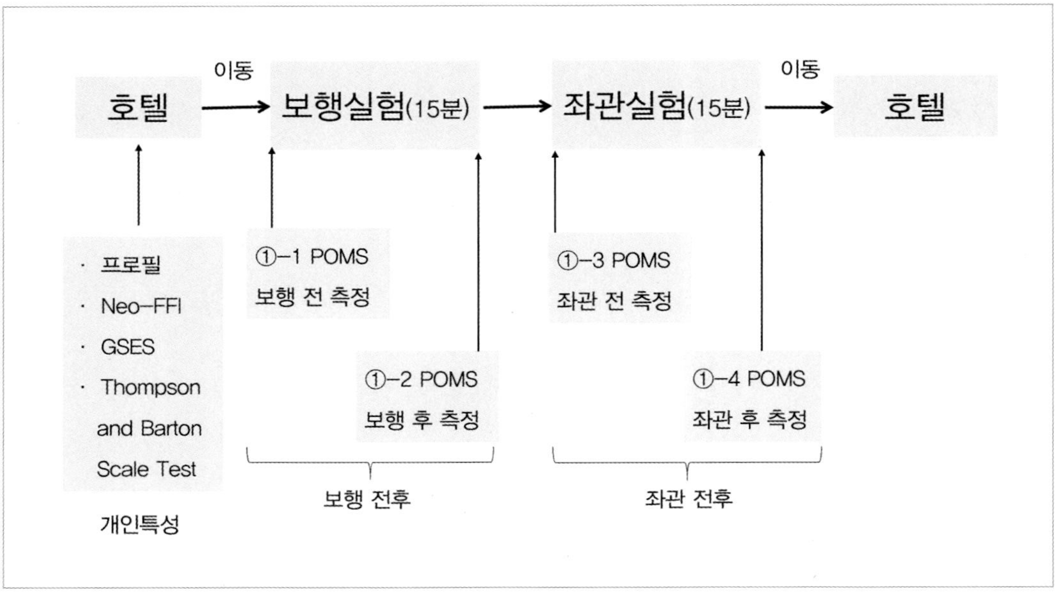

〈그림 37〉 제II부 제2장에 관계하는 조사를 실시한 타이밍(개인 특성 X POMS)

POMS는 보행 전후, 좌관 활동 전후에 총 4회 실시하였다. 피험자마다 POMS의 각 척도와의 T득점을 정리하고, 보행활동 후부터 보행활동전의 T득점을 뺀 득점을 보행 전후에 있어서의 기분 변화의 득점으로 했다. 좌관 활동에 대해서도 같은 방법으로 좌관 전후의 T득점 정리 및 득점화를 실시했다.

D 분석 방법

POMS를 구성하는 6개의 척도에 대해서 각 개인 특성의 지표가 어떤 영향을 보일 것인가를 예측할 수 있다면, 보다 합리적이고 간결하게 삼림욕의 스트레스 감소 효과와 개인 특성의 지표와의 관계를 알 수 있게 된다. 이를 위해 보행 활동 전후 및 좌관 활동 전후의 POMS의 6척도의 점수차를 목적변수, 개인특성 17지표의 득점을 설명변수로 하여 다중회귀분석을 실시하였다. 이때, 목적변수에 대해서 어떤 설명변수가 유효하게 관련하고 있는지 파악하기 때문에 앞 장과 마찬가지로 변수선택법에 의한 변수의 추출을 실시하였다(표 19, 20). 마지막으로 최종적인 개인 특성의 각 지표가 변화하면 그것이 어느 POMS의 척도에 어떻게 영향을 미치는지에 대해 〈표 21〉에 정리하였다.

E 스트레스 감소 효과와 개인 특성과의 관계

1. 스트레스 감소 효과와 지식·경험 등

삼림욕의 심리적인 스트레스 감소 효과의 지표인 POMS의 각 척도가 어떠한 프로필의 지표로, 가장 합리적인 설명이 가능해지는지를 알아보기 위해 다중회귀분석을 실시하였다. 그 결과를 아래에 정리하였다.

① 보행활동 전후에서는「삼림에 대한 흥미」가 POMS의 척도인「활기」를 유의하게 상승시켰다. 또한「피로」 및「혼란」을 유의하게 저하시켰다. 또한「삼림에 대한 지식량」은「분노－적대감」 및「활기」를 상승시켰다.「과거 거주지 주변의 녹색량」은「분노－적대감」에 유의미하게 부의 영향을 미쳤다〈표 19〉.

② 좌관활동 전후에「삼림에 대한 흥미」는「긴장－불안」이나「우울－침체」를 유의하게 저하시켰으나, 반대로「삼림에 대한 지식량」은「우울－침체」를 유의하게 상승시켰다. 또「과거 자연과 접촉한 기회」는「피로」를 상승시키고,「과거 거주지 주변의 녹색량」은「긴장－불안」 및「분노－적대감」,「혼란」 등을 유의하게 상승시켰다〈표 20〉.

위의 분석결과로 보아 과거에 삼림이나 녹지 등의 녹색과 접촉한 기회나 거주지의 녹색량이 많았던 사람들은 삼림욕에 의해 심리적인 효과를 얻기는커녕 반대로 스트레스를 받을 가능성이 있음을 알 수 있다. 그러나 이것을 보이는 그대로, 혹은 과거 녹색에 접촉한 경험이 적었던 사람들이 삼림욕의 심리적 효과를 얻을 수 있다고 해석할 것이 아니라, 오히려 (보행활동 전후로「분노－적대감」을 저하시킬 요인이 되고 있는 것 빼고는) 과거에 녹색과 접촉한 경험이 많았던 사람들은 향수되는 삼림욕의 심리적 효과가 상대적으로 보다 낮게 나타나고 있는 것은 아닌가 생각된다. 이것에 대해서는 삼림에 대한 지식량이 많은 것이 보행활동 전후로「분노－적대감」을 상승시키는 요인이 되고 있는 것과도 연상적으로 뒷받침된다.

〈표 19〉 보행 전후 POMS의 6척도와 개인특성 지표와의 다중회귀분석 결과

변수명	긴장-불안	우울-침체	분노-적대감	활기	피로	혼란
삼림이 좋은가의 여부		-0.312				
삼림에 대한 흥미				0.311 *	-0.360 *	-0.375 *
삼림에 대한 지식량			0.503 **	0.319 *		
과거에 자연과 접촉한 기회					0.232	
과거 거주지 주변의 녹색량			-0.341 *			0.210
현재 자연과 접촉하는 기회					-0.233	
신경증 경향		-0.417 *	-0.605 **			
외향성		-0.271		0.750 **		
개방성	0.328			0.412 **	-0.398 *	
조화성				-0.506 **	0.489 **	0.476 **
성실성						-0.326 *
실패에 대한 불안						
행동에 대한 적극성	-0.287			-0.748 **	0.466 **	0.670 **
능력의 사회적 위치			-0.281	-0.349 *		
생태계 중심 주의성						
인간중심 주의성						
환경무관심		-0.367 *			-0.325 *	-0.322 *
수정완료 결정계수 R^2	0.090	0.188	0.394	0.540	0.377	0.465
다중상관계수 R	0.383	0.538	0.685	0.800	0.716	0.752
다중회귀식	0.093	0.042 *	0.001 **	0.000 **	0.006 **	0.001 **

** : $p<0.01$, * : $p<0.05$, n=33

진하게 칠한 부분은 스텝와이즈(변수선택법)에 의해 선택된 개인특성 지표의 편회귀계수. 유의한 관계는 별 표(아스타리스크)로 표시했다. 대표 사례를 들자면, 「삼림에 대한 흥미」 및 「삼림에 대한 지식량」이 많을 것, 「외향성」 및 「개방성」이 높을 것, 「조화성」 및 「행동의 적극성」, 「능력의 사회적 위상」이 낮을 것이 삼림환경 보행후 POMS의 「활기」 척도의 상승을 가져오는 요인임을 알 수 있다.

〈표 20〉 좌관 전후의 POMS 6척도와 개인특성 지표와의 다중회귀분석 결과

변수명	긴장-불안	우울-침체	분노-적대감	활기	피로	혼란
삼림이 좋은가의 여부	0.234				-0.266	
삼림에 대한 흥미	-0.423 *	-0.417 *				
삼림에 대한 지식량		0.460 *		0.276		
과거에 자연과 접촉한 기회					0.441 **	
과거 거주지 주변의 녹색량	0.374 *		0.499 **		-0.272	0.351 *
현재 자연과 접촉하는 기회			0.268			
신경증 경향					-0.360 *	-0.257
외향성		0.295				
개방성			0.365 *			
조화성						
성실성		-0.482 *				
실패에 대한 불안			-0.245			
행동에 대한 적극성	0.382 *	0.403 *		-0.327		0.366 *
능력의 사회적 위치						
생태계 중심 주의성						
인간중심 주의성				0.311		
환경무관심		-0.456 **				
수정완료 결정계수 R^2	0.287	0.308	0.268	0.193	0.383	0.152
다중상관계수 R	0.613	0.662	0.600	0.518	0.679	0.481
다중회귀식	0.009 **	0.014 *	0.012 *	0.012 *	0.001 **	0.051

** : $p<0.01$, * : $p<0.05$, n=33

진하게 칠한 부분은 스텝와이즈(변수선택법)에 의해 선택된 개인특성 지표의 편회귀계수. 유의한 관계는 별 표로 표시했다. 대표 사례를 들자면, 「삼림에 대한 흥미」가 낮을 것, 「과거 거주지의 녹색 량」이 많을 것, 「행동의 적극성」이 높은 것이 삼림환경 좌관후에 POMS의 「긴장-불안」을 상승시키는 요인임을 알 수 있다. 즉, 삼림에 대한 흥미가 적거나 과거의 주거지 주변에 녹색이 적고, 행동의 적극성이 낮은 사람이 좌관후에 의해 「긴장-불안」이 저하될 가능성이 있다.

즉, 삼림에 대한 지식이나 경험이 있는 사람은 삼림욕을 하고 있는 동안에 삼림환경 전체에 대해 오감을 개방하고 만끽하며 본래의 삼림욕을 즐기는 것이 아니라, 자연과 자신이 가진 지식이나 경험을 참조하여 적극적으로 삼림 내부를 관찰하거나, 특정한 수목이나 식생에 집중하거나 함으로써 편안한 휴식을 하기보다 오히려 활동적으로 이어지는 것 등이 하나의 이유로 생각될 수 있을 것 같다. 이것은 유의하지는 않으나 다중회귀분석 결과로부터 보행활동 전후 및 좌관활동 전후에 있어서, 「삼림에 대한 지식량」이 동시에 「활기」를 높이는 요인으로도 되고 있다는 점에서도 뒷받침될 수 있을 것이다.

또, 삼림욕의 심리적 효과를 평균적으로 향상시킬 수 있는 요인으로서, 「삼림에 대한 흥미」를 들 수 있다. 「삼림에 대한 흥미」는 보행활동 전후에는 유의하게 「활기」를 상승시키고 반대로 「피로」 및 「혼란」을 감소시키는 요인으로 되고 있으며, 좌관활동 전후에 있어서도 유의하게 「긴장-불안」 및 「우울-침체」를 저하시키는 요인이 되고 있다. 이것에 대해서는 삼림욕의 심리적 스트레스 감소 효과를 끌어내는 데 있어서, 삼림에 대한 관심이나 흥미가 매우 중요하다는 것을 시사한 좋은 사례라고 생각된다.

게다가 이 식견을 응용해보면, 삼림에 관한 지식이나 경험이 많은 사람들에게는 오감을 여유롭게 삼림욕을 즐길 것을 제안하는 것이 효율적이라고 생각된다. 또한 내방객에게 삼림 내 방문자센터나 지역의 도로, 역 등에서 사전 강의나 정보를 제공하고 해당 삼림에 대한 관심이나 흥미를 끌어냄으로써, 이용자가 삼림욕의 심리적 효과를 높일 수 있는 효과적인 방법이라고 할 수 있다.

2. 스트레스 감소 효과와 성격 특성

다음으로 POMS의 각 척도가 어떠한 Neo-FI의 지표로부터, 가장 합리적으로 설명이 가능해지는지를 알아보기 위해 다중회귀분석을 실시하였다.

〈표 21〉 개인특성 지표의 변화가 기분 변화에 미치는 영향의 정리

개인특성의 지표	개인특성의 지표변화	삼림욕의 심리적효과와 활동의 관계	
		좌관활동	보행활동
삼림이 좋은가의 여부	「삼림이 좋은가 어떤가」가 상승하면?		
삼림에 대한 흥미	「삼림에 대한 흥미」가 상승하면?	「긴장-불안」, 「우울-침체」가 저하한다	「활기」가 상승한다 「피로」, 「혼란」이 저하한다
삼림에 대한 지식량	「삼림에 대한 지식량」이 상승하면?	「우울-침체」가 상승한다	「분노-적대감」, 「활기」가 상승한다
과거에 자연과 접촉한 기회	「과거에 자연에 접촉한 기회」가 상승하면?	「피로」가 상승한다	
과거 거주지 주변의 녹색량	「과거 거주지 주변의 녹색량」이 상승하면?	「긴장-불안」, 「분노-적대감」, 「혼란」이 상승한다	「분노-적대감」이 저하한다
현재 자연과 접촉하는 기회	「현재 자연에 접촉할 기회」가 상승하면?		
신경증 경향	「신경증경향」이 상승하면?	「피로」가 저하한다	「우울-침체」, 「분노-적대감」이 저하한다
외향성	「외향성」이 상승하면?		「활기」가 상승한다

개인특성의 지표	개인특성의 지표변화	삼림욕의 심리적효과와 활동의 관계	
		좌관활동	보행활동
개방성	「개방성」이 상승하면?	「분노－적대감」이 상승한다	「활기」가 상승한다 「피로」가 저하한다
조화성	「조화성」이 상승하면?		「활기」가 저하한다 「피로」, 「혼란」이 상승한다
성실성	「성실성」이 상승하면?	「우울－침체」가 저하한다	「혼란」이 저하한다
실패에 대한 불안	「실패에 대한 불안」이 상승하면?		
행동의 적극성	「행동의 적극성」이 상승하면?	「긴장－불안」, 「우울－침체」, 「혼란」이 상승한다	「활기」가 저하한다 「피로」, 「혼란」이 상승한다
능력의 사회적 위상	「능력의 사회적 위상」이 상승하면?		「활기」가 저하한다
생태계중심주의성	「생태계중심주의」가 상승하면?		
인간중심주의성	「인간중심주의」가 상승하면?		
환경무관심	「환경무관심」이 상승하면?	「우울－침체」가 저하한다	「우울－침체」, 「피로」, 「혼란」이 저하한다

다중회귀분석 결과를 토대로 개인특성 지표의 변화와 좌관전후 및 보행전후의 기분 변화의 관계를 정리했다. 이 표에서는, 예를 들면 개인특성지표의 하나인 「신경증경향」이 상승하면, 좌관후에는 POMS의 척도인 「피로」가 저하되는 것, 보행후에는 「우울－침체」, 「분노－적대감」이 감소하는 것 등 각 개인특성 지표의 정도가 삼림내에서 행해지는 각 활동을 통하여 어떠한 기분의 변화를 가져올 것인가를 알 수 있다.

① 보행 활동 전후에서는 「신경증 경향」이 POMS의 척도인 「우울 - 침체」 및 「분노 - 적대감」을 유의하게 저하시켰다. 한편, 「외향성」은 「활기」를 유의하게 상승시켰다. 「개방성」은 「활기」를 유의하게 상승시키고 「피로」를 유의하게 저하시켰다. 반대로 「조화성」은 「활기」를 유의하게 저하시키고, 「피로」나 「혼란」을 유의하게 상승시켰다. 마지막으로 「성실성」은 「혼란」을 저하시켰다〈표 19〉.

② 좌관(座觀) 활동 전후에서는 「신경증 경향」이 「피로」를, 「성실성」이 「우울 - 침체」를 유의하게 감소시켰다. 한편, 「개방성」은 「분노 - 적대감」을 유의하게 상승시켰다〈표 20〉.

분석결과에 착안하면, 많은 성격 특성의 지표가 통계적인 의미를 갖고 POMS 각 척도에 영향을 미치고 있는 것을 살펴 볼 수 있다. 이 중 「신경증 경향」에 대해서는 보행 활동 전후로 「우울 - 침체」, 「분노 - 적대감」을, 좌관활동 전후로 「피로」를 저하시키는 중요한 요인이라고 말할 수 있을 것 같다. 또한 「외향성」이 높으면 보행활동 전후로 「활기」를 상승시키는 것이 명확하게 되었지만, 일반적으로 「신경증 경향」과 「외향성」은 각각 상반되는 특성을 가지고 있으므로 같은 보행활동을 했다고 하여도 신경증경향이 높은(외향성이 낮은) 사람은 삼림욕에 의해 심신이 치유되는 것과 같은 심리적 효과를 얻는데 비하여, 외향성이 높은(신경증 경향이 낮은) 사람은 활력을 얻는 것과 같은 심리적 효과를 얻었다고 할 수 있다. 이것은 운동 효과가 없는 좌관활동 전후로, 「외향성」이 POMS의 전 척도를 유의하게 상승 또는 감소시키는 관계가 없는 것에 비해 「신경증 경향」은 「피로」를 유의하게 감소시키는 요인이 되고 있다는 점에서도, 내용을 뒷받침하고 있다.

또, 좌관활동 전후로 「분노－적대감」이 상승하고 있는 이유에 대해서는 불분명한 점이 많으나, 「개방성」이 보행활동 전후로 「활기」를 상승시키고 「피로」를 저하시키는 요인이 되고 있다는 것은 흥미로운 결과라고 생각된다. 그 이유에 대해서 생각해보면, 이른바 「개방성」이 높은 것 즉, 다른 사람에 대해서 열린 성격 특성[78)]을 가진 사람이 삼림욕을 할 때 삼림환경에 대해서도 그 특성을 반영하여 자신의 심신을 자발적으로 해방한 결과로서 이런 효과를 가져온 것이 아닌가 생각된다.

한편, 「조화성」은 보행활동 전후로 「활기」를 저하시키고 「피로」와 「혼란」을 가져오는 요인이 되고 있다. 왜 「조화성」이 이런 심리적 효과의 감소를 초래하는지에 대해 성급한 결론은 피하려고 하나, 아마도 「조화성」이 높은 사람은 이타적이라는 것 그리고 심리학적으로 건강하다는 것 등에 관련있는 것은 아닌가 생각된다. 즉, 「조화성」이 높은 사람은 그렇지 않은 사람들과 비교하여 원래부터 상대적으로 스트레스가 낮으며, 그런 이유 때문에 삼림욕에서 느끼는 심리적 스트레스 감소 효과가 스트레스가 높은 상태의 사람들에 비해 상대적으로 적다고 생각하는 것은 그다지 부자연스럽지 않다고 여겨진다.

마지막으로, 「성실성」은 보행활동 전후로는 「혼란」을, 좌관활동 전후에서는 「우울－침체」를 저하시키고 있다. 일반적으로 「성실성」이 높다는 것은 어떠한 목적을 가지고 일을 제대로 수행하며 의지가 강한 성격 특성을 의미한다. 그러한 성격 특성을 가지고 매일 도전적이고 바쁘게 사는 사람들은 모르는 사이에 쌓인 고민이나 스트레스가 많을지도 모른다. 이번 결과는 그러한 사람들이 삼림욕을 함으로써 그들의 심리적 스트레스가 줄어든 결과라고 할 수 있다.

3. 스트레스 감소 효과와 자기효능감

POMS의 각 척도가 어떤 GSES의 지표로부터, 가장 합리적으로 설명이 가능해지는지를 조사하기 위해 다중회귀분석을 실시하였다.

① 보행활동 전후에는 「행동의 적극성」은 유의하게 「활기」를 저하시키며, 「피로」나 「혼란」을 상승시켰다. 또한 「능력의 사회적 위상」은 「행동의 적극성」 정도는 아니지만, 「활기」를 유의하게 저하시켰다〈표 19〉.

② 좌관활동 전후에는 「행동의 적극성」이 「긴장 – 불안」, 「우울 – 침체」, 「혼란」을 유의하게 상승시켰다〈표 20〉.

GSES의 척도 중 POMS의 많은 척도와 유의한 관계가 있었던 것은 「행동의 적극성」이었다. 「행동의 적극성」은 명확한 방향을 가지고, 「긴장 – 불안」, 「우울 – 침체」, 「피로」, 「혼란」을 높이고, 「활기」를 현저하게 저하시키는 요인으로 나타났다〈표 19, 20〉. 이것은 즉, 「행동의 적극성」이 높은 사람의 경우 삼림욕을 실시함으로써 심리적 효과를 얻기는커녕 경우에 따라 반대로 피폐해져 활력이 감소되고 혼란스럽고 불안감 등이 높아질 가능성이 있음을 의미한다. 즉, 반대로 삼림욕이 심신에 부정적인 영향을 미칠 가능성을 시사한 결과라고도 생각할 수 있다. 이와 같이, 「행동의 적극성」이 높은 경우에는 심리적 스트레스 상태를 느끼는 경우도 있으나, 이를 반대로 바꿔 읽으면, 「행동의 적극성」이 낮을수록 「혼란」이 저하되고, 「활기」가 상승한다는 것처럼 파악하는 것도 가능하다.

4. 스트레스 감소 효과와 가치관·관심

POMS의 각 척도가 어떠한 TBS-test의 지표에서 가장 합리적으로 설명이 가능해지는지를 알아보기 위해 다중회귀분석을 실시했다.

① 보행활동 전후에서는 TBS-test에 관련된 지표에 대해, 「환경 무관심」이 「우울-침체」, 「피로」 및 「혼란」을 유의하게 저하시켰다〈표 19〉.

② 좌관활동 전후에서는 역시 「환경 무관심」이 「우울-침체」를 유의하게 저하시켰다〈표 20〉.

분석 결과를 보면, 가치관 및 관심의 관점에서는 「환경 무관심」이 삼림욕의 심리적 효과를 높이는 요인이 되고 있다고 할 수 있다. 〈표 19, 20〉부터 「환경 무관심」은 보행활동 전후 및 좌관활동 전후에 「우울-침체」, 「피로」, 「혼란」 등을 감소시키는 요인으로 나타났다. 저자는 사전에 환경에 대해 관심이 있을수록 심리적 효과가 높아질 것이라는 예측을 하였으나, 반대의 결과가 나타났다. 이에 대해서는 지금까지 논의했듯이 자연환경에 대해 관심이 없는 사람들은 관심이 많은 사람들이 취할 것 같은 태도, 즉 삼림환경을 방문했을 때에도 지식이나 관심이 있기 때문에 어떤 특정한 대상(수목이나 기타 동식물 등)을 마음에 들어 하거나, 삼림환경의 좋고 나쁨을 판단하는 생각들을 하며, 열심히 삼림환경을 관찰하는 행동을 하는 것이 아니라 비일상적인 삼림환경 속에서 느긋하게 오감을 해방하고, 삼림이 제공하는 다양한 환경 요소에 젖어 삼림욕을 만끽하는 방법을 자연스럽게 선택하고 있는 것 등을 생각할 수 있다.

이상을 감안하면, 지식이나 관심 정도에 관계없이 relax를 목적으로 삼림욕을 실시할 때, 가능한 한 머리를 비우고 오감을 해방시켜 삼림의 환경 요소를 도입하는 것이 심리적 효과를 높이는 하나의 유효한 수단이 될 것이다.

F 스트레스 감소 효과와 삼림욕 중의 활동 관계

삼림내에서 행해지는 정적인 활동은 크게 산책 등의 보행활동과, 앉아서 풍경을 바라보는 좌관활동을 대표적인 사례로 들 수 있을 것이다. 이번에는 삼림 내에서 실행될 두 가지를 활동별로 나누어 개인 특성이 스트레스 감소 효과에 어떻게 반영되는지에 대해서 POMS의 각 척도를 축으로 하여 살펴보려고 한다.

1. 스트레스 감소 효과와 보행 활동

우선 〈표 19〉는 보행활동 전후의 POMS의 각 척도의 점수 차이를 목적변수(POMS 후 값 - POMS전 값 = 목적변수)로 하고 개인 특성 17지표를 설명변수로 하여, 스텝와이즈법을 이용해서 다중회귀분석을 실시한 결과를 정리한 것이다. 이것을 보면, 「우울-침체」, 「분노-적대감」, 「활기」, 「피로」, 「혼란」의 다중회귀식이 통계적으로 유의(통계적으로 의미가 있음을 의미함)하며, 결정계수인 R^2이 높다는 결과를 얻었다. 한층 명확히 정리한 〈표 21〉을 살펴보면 삼림 내를 느긋하게 산책하는 경우에 개인 특성의 각 지표는 5개의 POMS 척도에 의미있는 영향을 주고 있으나, 특히 「활기」와 「분노-적대감」의 점수에 강력하게 영향을 미치고 있다고 말할 수 있다.

보행 활동에 있어서 POMS의 척도마다 개인 특성과의 관계를 주목하여, 삼림욕의 스트레스 감소 효과에 영향을 주는 개인 특성의 요인은 다음과 같이 정리할 수 있다.

① 긴장 - 불안

개방성이나 행동의 적극성 등과의 연관성을 볼 수 있지만, 그다지 강한 요인은 되지 않았다.

② 우울 - 침체

삼림 좋아한다는 것, 신경증 경향이 높다는 것, 환경에 무관심하다는 것은 우울이나 침체를 감소시키는 요인으로 작용하고 있다.

③ 분노 - 적대감

삼림에 대한 지식량이 있는 경우, 분노나 적대감이 상승된다. 한편, 과거 거주지 주변의 자연이 풍부했던 것이나, 신경증 경향이 높은 경우 분노나 적대감을 저하시켰다.

④ 활기

삼림에 흥미가 있고 지식량이 많으며 외교적이고 개방적인 경우, 활기를 높이는 요인으로 작용한다. 그러나, 조화성이 높고, 행동이 적극적이며, 능력의 사회적 위상이 높은 것은 활기를 감소시키는 것과 연결될 가능성이 있다.

⑤ 피로

삼림에 흥미가 있으며 성격이 개방적이고 환경에 대해 관심이 없는 경우, 삼림욕을 체험함으로써 피로를 보다 저하된다. 그러나, 반대로 성격적으로 조화롭다는 것, 행동의 적극성이 높다는 것은 피로가 상승될 가능성이 있다.

⑥ 혼란

삼림에 흥미가 있으며 성격적으로 성실하고 환경에 대해 관심이 없는 경우, 보행활동을 함으로써 혼란이 보다 감소된다. 그러나, 성격이 조화롭고 행동의 적극성이 높은 경우는, 반대로 보행 활동에 의해서 스트레스를 받을 가능성이 있을 것 같다.

2. 스트레스 감소 효과와 좌관 활동

한편, 〈표 20〉은 좌관활동 전후의 POMS의 각 척도의 점수 차이를 목적변수(POMS 후 값 - POMS 전 값 = 목적변수)로서 개인특성의 17지표를 설명변수로 하여, 스텝와이즈법을 이용하여 다중회귀분석한 결과를 정리한 것이다. 정리한 〈표 21〉을 잘 보면 「긴장 - 불안」, 「우울 - 침체」, 「분노 - 적대감」, 「활기」, 「피로」의 다중회귀식이 통계적으로 유의하며, 결정계수인 R^2이 높다는 결과를 얻었다. 즉, 삼림내에서 느긋하게 풍경을 감상하는 경우에 개인특성의 각 지표는 5개의 POMS 척도에 의미있는 영향을 주고 있다는 점을 지적할 수 있을 것 같다.

여기서 보행 활동과 마찬가지로 좌관 활동에 대해서도, POMS의 척도별로 개인 특성과의 관계에 주목해 보면, 삼림욕의 스트레스 감소 효과에 영향을 주는 개인 특성의 요인은 다음과 같이 정리할 수 있다.

① 긴장 - 불안

삼림에 흥미가 있다면, 긴장이나 불안을 감소시키는 요인으로 작용한다. 한편, 과거의 거주지의 자연이 풍부하며, 행동의 적극성이 높은 경우는 삼림욕을 함으로써 결과적으로 긴장이나 불안이 높아지는 요인이 될 수 있을 가능성이 있다.

② 우울 - 침체

삼림에 흥미가 있으며 성격적으로 성실하고, 환경에 대해 관심이 없는 경우는 우울감이나 침체감을 감소시키는 요인으로 작용한다. 한편, 삼림에 대해 지식이 있으며, 행동의 적극성이 높은 경우는 우울감이나 침체를 상승시키는 요인으로서 움직일 가능성이 있다.

③ 분노 - 적대감

좌관활동에 있어서는 과거의 거주지의 자연이 풍요로웠다는 점, 성격이 개방적이라는 것은 분노나 적대감을 상승시키는 요인으로서 작용할 가능성이 있을 것 같다.

④ 활기

삼림에 대한 지식량, 행동의 적극성, 인간중심주의적 가치관 등과의 연관성을 볼 수 있는데, 그다지 강하게 작용한 요인은 아니다.

⑤ 피로

과거에 자연과 접촉한 경험이 풍부하다는 것은 피로를 상승시키는 요인으로 작용할 수 있다. 한편, 신경증 경향이 높은 것은 피로를 감소시키는 요인으로 작용할 가능성이 있다.

⑥ 혼란

과거에 살던 거주지의 자연이 풍부하고, 행동의 적극성이 높다는 것은 혼란을 상승시키는 요인으로 작용할 가능성이 있다.

정리

이 장에서는 개인 특성이 삼림욕의 스트레스 감소 효과에 미치는 영향을 조사하기 위하여 현장의 삼림환경에서 기분의 변화를 조사하는 실험을 실시하였다. 우선 4타입의 조사표를 사용하여 17개 지표로부터 개인 특성을 파악하고, POMS의 6척도를 사용하여 삼림욕 전후의 기분의 변화를 조사하였다. 그리고 거기에서 심리적인 스트레스 감소 효과를 산출하였다. 그 후, 개인 특성과 심리적인 스트레스 감소 효과와의 관계에 대해 다중회귀분석을 이용해 분석을 실시하였다.

그 결과 삼림욕에는 심리적 스트레스 감소 효과가 있는 것을 확인함과 동시에, 보행 및 좌관의 활동별로 POMS의 각 척도에 영향을 주고 있는 개인 특성의 지표나, 그 영향의 크기가 정리되어 삼림욕이 신경증 경향이 높고, 외향성이나 자신감이 낮은 타입의 사람에게 효과적일 가능성이 있으며, 개인의 상황, 경험, 지식, 성격 특성, 자기효능감, 가치관, 관심 등의 요인에 의해서 삼림욕에 의한 심리적인 스트레스 감소 효과가 다를 수도 있다는 가능성이 밝혀졌다. 또, 보행 활동 또는 좌관 활동 등의 활동의 차이에 의해서, 각 개인 특성이 삼림욕의 심리적인 스트레스 감소 효과에 영향을 주는 메커니즘이 다를 가능성이 있는 것도 밝혀졌다. 이와 같이 결과적으로 개인 특성에 따라 스트레스 감소 효과에 차이가 생길 수 있다는 가능성과 그에 대한 특징이 제시되었다고 할 수 있다.

그러나, 역시 이번 실험은 한정된 특정한 피험자에 의해서 얻어진 결과에 근거하고 있으며, 이번 결과만으로는 단정할 수 없는 경우도 많이 있다. 앞으로는 개인 특성과 삼림이 가지는 신체적 및 심리적 스트레스 감소 효과와의 연관성에 대해 과학적으로 검토하는 것을 추구해 나갈 필요가 있다. 그러기 위해서는 같은 실험조건으로 피험자 수를 더 많이 하여 추가적인 분석을 실시하는 것이 필요하다. 또, Neo-FI 이외의 성격 특성을 조사하는 조사표를 이용하는 등, 다른 임상적인 접근법에 의해 삼림욕 스트레스 감소 효과와의 관계를 알아보는 조사를 실시하거나 개인의 유전적 특성 등의 생물학적 특성과의 관계를 조사하는 연구와 함께 더욱 정밀하게 조사할 필요가 있다.

이번에는 논의의 범위를 명확하게 하기 위해서, 삼림환경의 물리적인 환경 조건에 대해서는 전부 언급하고 있지 않지만, 향후 삼림환경의 설계·정비에 대해 보다 심도있게 하기 위해서는, 삼림욕의 스트레스 감소 효과에 많은 영향을 주는 개인 특성을 압축하여, 한층 깊게 환경 조건(삼림의 식생, 날씨, 수목 밀도, 삼림내의 밝기 등)과의 관계에 대해서도 연구해 나갈 필요가 있다.

제❸장

신경증 경향과 삼림욕의 스트레스 감소 효과와의 관계

A 정상인의 신경증 경향에 대해

요즈음 현대사회는 여러 가지 사회적 스트레스의 증가에 의해 기분 장애(우울증, 조울증 등), 불안 장애(전반적 불안 장애, 강박성 장애, 사교 불안 장애 등) 등 정신질환을 가진 사람들이 급증하고 있다. 예로써, 후생노동성의 환자조사 개황에 의하면 기분 장애 외래환자 및 입원환자수 추정 합계가 1996년 60.3천명에 비해 2008년에는 108.8천명으로 약 1.8배나 증가하였다는 것이다. 또 그러한 환자에 대해서, 삼림환경을 활용한 보완·대체의료의 가능성이 확실히 높아지고 있다고 생각할 수 있다.

그러나 질환을 예방한다는 예방 의학적인 관점에서 생각해본다면, 만약 질환에 걸리기 전에 질환예비군(疾患豫備群)의 정신적·신체적 상태를 개선할 수 있다면, 계속 치솟는 의료비를 줄이고 장래적으로는 많은 사람들이 QOL의 유지나 창출할 것을 기대할 수 있지 않을까 생각된다.

이를 위해서는 미리 기분장애나 불안장애에 친화성이 높은 성격이나 특성을 가진 사람들을 대상으로 삼림환경이 그들에게 어떻게 인식되며 그것이 어떻게 스트레스 감소 효과로 이어져 가는지에 대해 조사하여 자료를 축적하는 것이 필요할 것이다. 그러한 정보는 향후 예방의학으로서의 보완·대체의료 입장에서 비장애인을 대상으로 한 삼림욕의 효과적인 방법에 대해 검토하기 위한 귀중한 지견이 될 것이라 생각된다. 또한, 그것이 진행된다면 최종적으로 국민의 요구에 대한 응답이나 건강 유지에 대한 효과적인 공헌으로 연결될 것이다.

그래서 이 장에서는 질환이 아니라 정상 범위에서 성격적으로 신경증 경향이 높은 이용자에 초점을 두고자 한다. 그들의 삼림환경에 대한 인상 평가 및 삼림욕 전후의 기분 변화, 최종적인 삼림욕의 소감을 조사함으로써 신경증 경향이 높은 사람들이 삼림환경을 어떻게 파악하고, 그것을 바탕으로 삼림욕의 스트레스 감소 효과를 어떻게 느끼는지 등에 대해서 정리하고자 한다.

B 조사·분석 방법

1. 실험의 개요

실험의 개요는 조사지, 피실험자, 당일 날씨 상태, 실험조건 등 제Ⅰ부 제3장～제Ⅱ부 제2장까지의 스케줄에서 소개한 것과 같다. 여기에서는 이 장에서 관련된 부분을 편의적으로 추출하여 〈그림 38〉에 기재하였다. 감상 설문조사는 삼림욕 실험이 종료되고 호텔에 돌아가기 전에, 조사 현장 근처에 설치된 대기실에서 각 피험자에게 배포하여 각각 회답을 요구했다.

2. 조사표

건강한 사람들의 신경증 경향을 알아보기 위해서, 여기서는 특히 「성격 특성」 및 「자기효능감」에 주목하기로 하였다. 우선, 피험자의 성격 특성에 대해 파악하기 위해 "Neo-FFI"를 조사표로서 이용하기로 했다. 또, 피험자의 자기효능감에 관한 생각을 파악하기 위해서 "GSES"조사표로서 사용했다. 여기에서는 이상의 2개 조사표에 의해서 파악된, 각 피실험자에게 정상 범위에서 내재하는 신경증 경향(Neo-FFI) 및 불안 경향(GSES)의 특성을 아울러 『신경증 경향』이라고 정의하고 이후 논의를 진행하고자 한다.

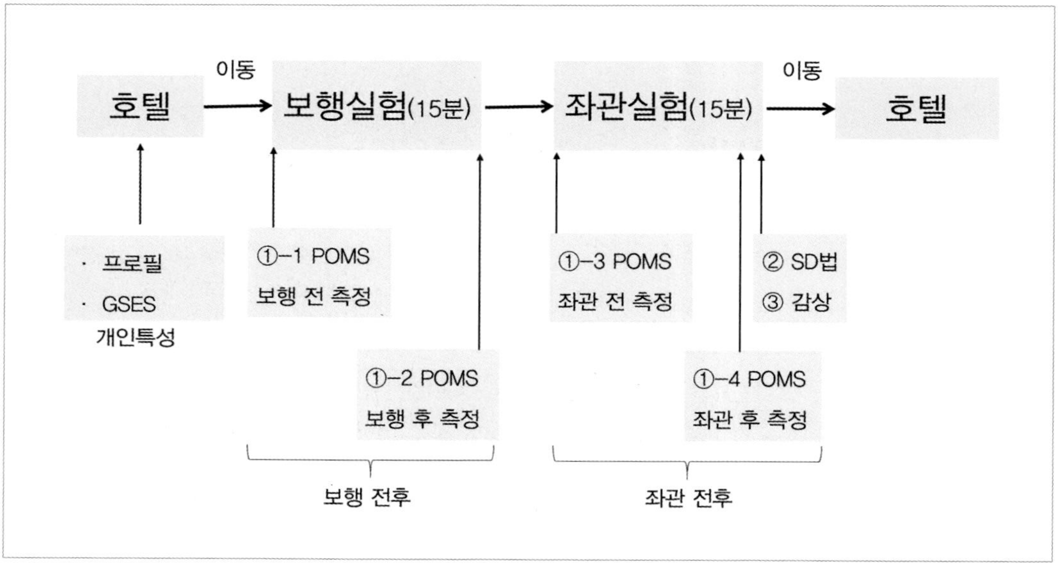

〈그림 38〉 제Ⅱ부 제3장과 관계되는 조사를 실시한 타이밍

개인 특성은 Neo-FF와 GSES만을, SD법은 제Ⅱ부 제1장과 같은 데이터를, POMS는 제Ⅱ부 제2장과 같은 데이터를 사용했다. 또한 좌관이 끝난 후 대기실에서 삼림욕 감상에 대해 알아보기 위해 「감상」 설문을 실시했다.

① Neo-FFI의 특징

앞 장에서 말했듯이, Neo-FFI (Neo Five Factor Inventory)는 건강한 사람의 성격 특성을 측정하기 위해 임상 현장 등에서 이용되는 조사표이다. Neo-FFI에서는 성격의 5가지 주요 차원인 신경증 경향(Neuroticism), 외향성(Extraversion), 개방성(Openness),

조화성(Agreeableness), 성실성(Conscientiousness)을 60항목 및 5분류에 의해서 측정할 수 있다. 여기서는 이 중, 「신경증 경향(Neuroticism)」차원에 주목함으로써 본 연구에서 목적으로 하는 「신경증 경향」의 정도에 따른 피험자의 분류가 가능할 것으로 생각하였다.

② GSES의 특징

GSES(General Self-Efficacy Scale)은 일반인들의 자기효능감을 조사하기 위한 대표적인 조사표 중에 하나이다. 16항목 2분류의 조사표에 의해서, 「행동의 적극성」, 「실패에 대한 불안」, 「능력의 사회적 위상」의 3지표로부터 설명된다. 일반적으로 신경증경향의 지표 밑에는 하위 척도로서 「불안」, 「적대감」, 「우울」, 「자의식」, 「충동성」의 5가지가 있다. 그러나, GSES의 「실패에 대한 불안」에 주목하여 「불안」에 대한 지표로 이용함으로써 「신경증 경향」이 높은 사람 중에서도 불안감이 높은 군과, 「신경증 경향」이 낮으며 특히 불안감이 낮은 군이라는 대조적인 2군을 비교하도록 하였다. 이는 보다 신경증 경향에 초점을 맞춘 피험자의 분류를 위하여 GSES의 「실패에 대한 불안」을 지표로 선택하였다.

③ 다른 조사표의 개요

이 장에서 사용하는 데이터는 ㉮보행 및 좌관 전후의 기분 변화(심리적인 스트레스 감소 효과)를 조사하기 위해, 앞 장에서 사용한 POMS단축판을 이용한 조사 데이터 및 ㉯산림환경에 대한 인상 평가를 조사하는데 사용한 SD법 조사표에 의한 조사 데이터, ㉰최종적인 산림환경의 체험 감상에 대해 조사하기 위한 감상 설문을 작성하고, 조사를 실시한 데이터도 함께 분석에 이용하기로 하였다(그림 39).

삼림욕을 하고 있을 때를 회상하세요. 어떤 기분이었습니까?

(골라서 ○를 해주세요)

매우 설렜다	설렜다	약간 설렜다	어느 쪽도 아니다	조금 진정되었다	차분했다	매우 차분했다

〈그림 39〉 삼림욕 후의 「감상」(감상 설문)

※ 매우 설렜다~조금 설렜다 = 두근두근한 군, 매우 차분했다~조금 진정되었다 = 정정한 군, 어느 쪽도 아니다 = 어느 쪽도 아닌 군으로 집계하였다.

C 신경증 경향에 따른 피험자 분류

1. 피험자의 분류 방법

① 우선, Neo-FFI의 「신경증 경향(Neuroticism)」과 GSES의 「실패에 대한 불안」의 양쪽 모두의 득점이, 각각 전체 평균치보다 높은 피험자를 『신경증 경향』의 「고군(高群)」으로 하고, 각각 전체 평균치보다 낮은 피험자를 『신경증 경향』의 「저군」으로 분류하였다.

② 『신경증 경향』의 「고군」이 어떻게 삼림환경의 인상평가를 실시하고 있는지 조사하기 위해 SD법의 결과에 대해 「저군(低群)」과 비교하여 분석하였다.

③ 『신경증 경향』의 「고군」이 삼림환경에서 느끼는 심리적 효과의 특징에 대해 알

아보기 위해, 활동별 POMS의 결과에 대해 「저군」과 비교하여 분석하였다.

④ 『신경증 경향』의 「고군」이 어떻게 삼림환경의 최종 감상을 하였는지 알아보기 위해 감상 설문의 결과에 대해 「저군」의 피험자와 비교하여 분석하였다.

⑤ 상기 ②~④의 분석 결과를 정리하여 『신경증 경향』의 「고군」과 「저군」간에서, 삼림환경의 인상 평가 → 삼림욕에 의한 심리적 스트레스 감소 효과 → 최종적인 감상의 흐름이 어떻게 다른지에 대해 정리하였다.

이 순서로 분석이나 고찰을 한 이유는, 인간은 우선 오감을 통해 주위 환경을 인지하고 그 결과가 심리적인 기분의 변화에 작용한다는 기서(機序)를 상정한 것에 기인한다. 또한 최종적으로 그러한 심리적인 스트레스 감소 효과의 차이가 삼림욕의 감상으로서 언어로 집약된다고 생각할 수 있기 때문에 감상에 대해서도 파악하고자 하였다.

2. 피험자의 분류 결과

우선, 각 피험자에 대한 신경증 경향(Neo-FFI 지표)과 실패에 대한 불안(GSES 지표)의 집계 결과를 정리한 결과, 두 지표는 상당히 상관(상관 계수 0.79)이 높은 것을 알았다. 그래서 신경증 경향 및 실패에 대한 불안의 득점이 전체보다 더 높은 피험자들을 『신경증 경향』이 높은 군(이후 ; 「고군」, n = 12), 전체보다 낮은 피험자들을 『신경증 경향』이 낮은 무리(이후 ; 「저군」, n = 14)로 비교 분석의 대상으로 하였다(그림 40~41).

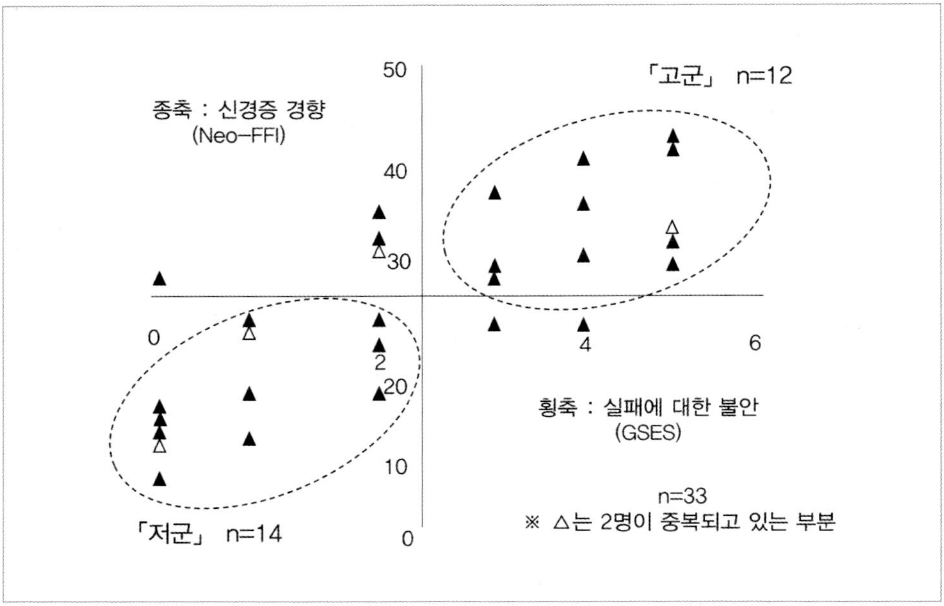

〈그림 40〉 신경증 경향과 실패에 대한 불안의 득점 분포

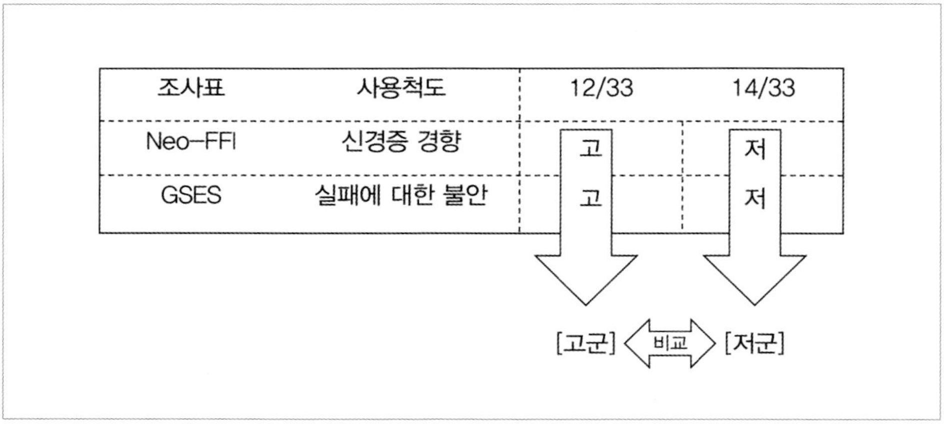

〈그림 41〉『신경증 경향』의 「고군」과 「저군」의 분류 방법

D 분석 결과

1. 『신경증 경향』이 삼림욕 이전의 기분 상태에 미치는 영향

보행활동 및 좌관활동을 하기 전에 분석대상자의 기분상태에 대해 알아보기 위해 각각 POMS의 6척도에 대한 「고군」과 「저군」의 득점을 정리하고 양군 간에 통계적인 검정을 하였다. 그 결과, 보행 활동에서는 「분노 – 적대감($p<0.05$)」, 「피로($p<0.05$)」에 대해서는 유의미하였으며, 「혼란($p<0.08$)」에 대해서는 차이가 있는 경향을 볼 수 있었다. 구체적으로는 3개의 척도에 대해서 보행 전부터 「고군」이 높고, 즉 「저군」보다도 스트레스 상태가 높다는 것이 확인되었다(표 22).

〈표 22〉『신경증 경향』: 「고군」과 「저군」의 보행활동 전에 관한 비교

보행활동 전의 비교	긴장 - 불안	우울 - 침체	분노 - 적대감	활기	피로	혼란
「고군」 n=12	39.83	42.92	41.33	34.00	43.92	48.67
「저군」 n=14	36.62	41.38	37.38	37.38	36.15	43.23
p값	0.29	0.41	0.02	0.15	0.05	0.08
검정			*		*	#

「고군」은 보행 전부터 「분노 – 적대감」 및 「피로」값(T득점)이 「저군」보다도 높고, 다른 척도에서도 상대적인 스트레스가 높은 상태에 있었다.

또 좌관 활동에서는 「분노 – 적대감($p<0.08$)」은 차이가 있는 경향이, 「피로($p<0.05$)」는 유의미한 차이가 나타났으며, 두 가지 척도에 대해서 「고군」이 높고, 보행전과 마찬

가지로 역시 「고군」은 「저군」보다도 스트레스 상태가 높은 것이 확인되었다(표 23).

〈표 23〉『신경증 경향』: 「고군」과 「저군」의 좌관활동 전에 관한 비교

좌관활동 전의 비교	긴장 - 불안	우울 - 침체	분노 - 적대감	활기	피로	혼란
「고군」 n = 12	39.25	44.25	40.08	33.08	47.00	49.08
「저군」 n = 14	36.62	42.15	37.38	34.69	37.23	44.31
p값	0.28	0.44	0.07	0.43	0.02	0.16
검정			#		*	

「고군」은 좌관 전부터 「피로」나 「분노 - 적대감」의 값(T득점)이 「저군」보다도 유의하게 높거나 혹은 높은 경향이 있고, 다른 척도에 대해서도 「저군」보다도 상대적으로 스트레스가 높은 상태에 있었다.

2. 『신경증 경향』이 삼림환경의 인상 평가에 미치는 영향

『신경증 경향』과 삼림환경에 대한 인상 평가와의 관계를 알아보기 위해, 양군별로 SD법의 결과를 집계하고 통계적 검정을 이용하여 양군의 결과를 비교했다(그림 42).

그 결과, 「인공적인 - 자연적인」, 「친숙해지기 쉬운 - 친숙해지기 어려운」, 「싫어하는 - 좋아하는」의 3가지 척도에서 양군간에 평가에 차가 있다는 경향이 인정되었다. 보다 구체적으로 양군의 피험자 모두 삼림환경에 대해 자연성을 높이 평가하고 있었지만 상대적으로 「고군」의 쪽이 「저군」보다도 유의하게 인공적이다라고 평가하고 있었다 ($p < 0.05$). 또한, 「고군」쪽이 「저군」보다도 삼림환경을 친숙하기 쉬운($p < 0.09$) 그리고 바람직한($p < 0.07$)이라는 평가를 하는 경향도 있었다(표 24).

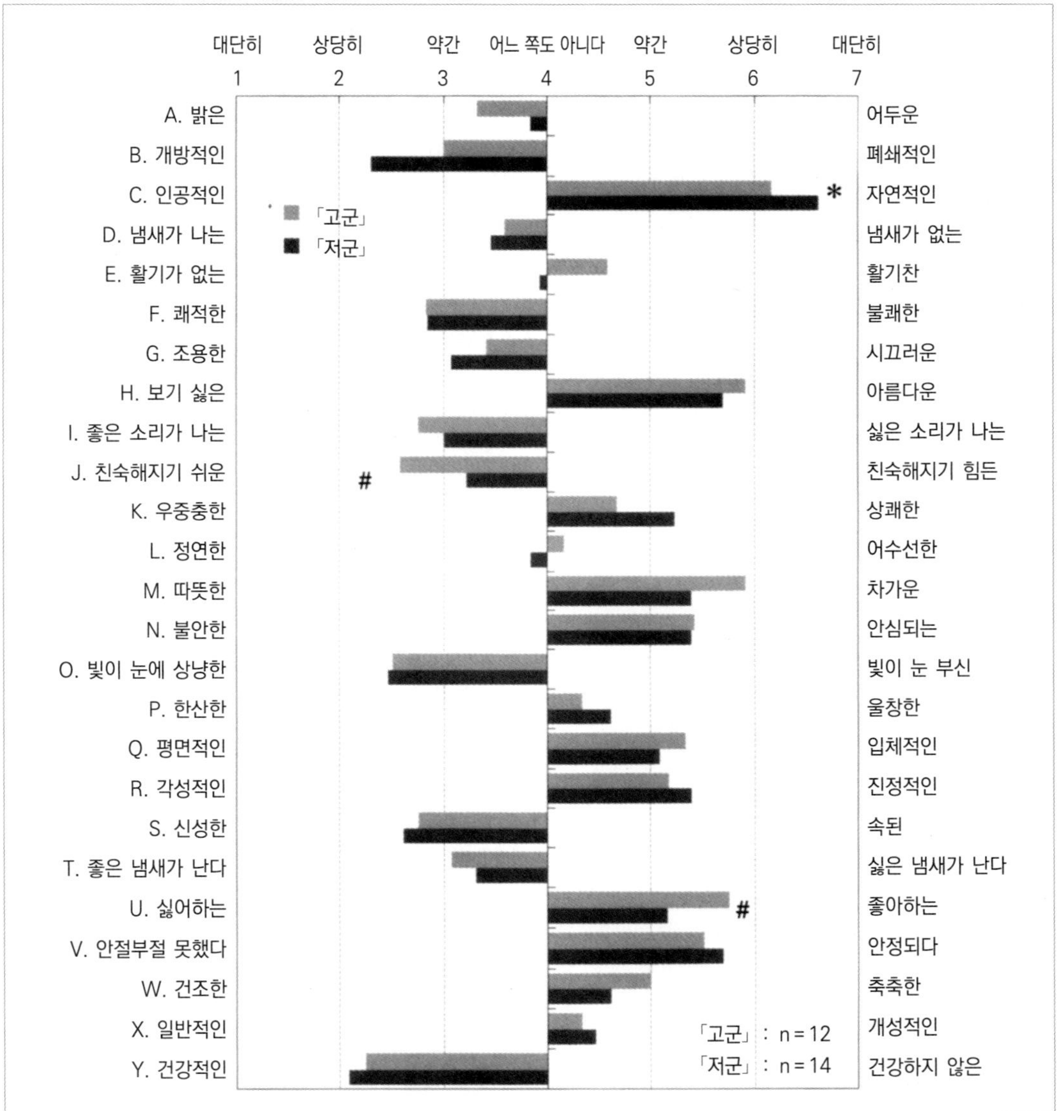

〈그림 42〉『신경증 경향』 : 「고군」과 「저군」의 삼림환경 인상평가에 관한 비교

※ 알파벳은 각 형용사의 단축기호를 의미하고 있다.
또한, 표 상부 수치를 각 형용사에 대한 득점으로 집계했다.

「고군」과 「저군」 간의 인상평가 결과는 거의 같은 프로필을 그리는 것을 알 수 있었다. 그러나, 검정(Kruskal-Wallis test) 결과, 양군 간에 「인공적인 - 자연적인」에 유의차($p < 0.05$)가, 「친숙해지기 쉬운 - 친숙해지기 어려운」, 「싫어하는 - 좋아하는」에 차가 있는 경향($p < 0.10$)이 인정되었다.

〈표 24〉「신경증 경향」:「고군」과「저군」의 삼림환경에 대한 인상평가의 비교

형용사대 (상단:1~하단:7)	밝은 - 어두운	개방적인 - 폐쇄적인	인공적인 - 자연적인	냄새가 나는 - 냄새가 없는	활기가 없는 - 활기찬
「고군」 n = 12	3.33	3.00	6.17	3.58	4.58
「저군」 n = 14	3.85	2.31	6.62	3.46	3.92
p값	0.295	0.191	0.024	0.906	0.216
검정			*		
형용사대 (상단:1~하단:7)	쾌적한 - 불쾌한	조용한 - 시끄러운	보기싫은 - 아름다운	좋은 소리가 나는 - 싫은 소리가 나는	친숙해지기 쉬운 - 친숙해지기 힘든
「고군」 n = 12	2.83	3.42	5.92	2.75	2.58
「저군」 n = 14	2.85	3.08	5.69	3.00	3.23
p값	0.815	0.501	0.584	0.779	0.094
검정					#
형용사대 (상단:1~하단:7)	우중충한 - 상쾌한	정연한 - 어수선한	따뜻한 - 차가운	불안한 - 안심되는	빛이 눈에 상냥한 - 빛이 눈부신
「고군」 n = 12	4.67	4.17	5.92	5.42	2.50
「저군」 n = 14	5.23	3.85	5.38	5.38	2.46
p값	0.181	0.477	0.264	0.977	0.690
검정					
형용사대 (상단:1~하단:7)	한산한 - 울창한	평면적인 - 입체적인	각성적인 - 진정적인	신성한 - 속된	좋은 냄새가 난다 - 싫은 냄새가 난다
「고군」 n = 12	4.33	5.33	5.17	2.75	3.08
「저군」 n = 14	4.62	5.08	5.38	2.62	3.31
p값	0.977	0.649	0.548	0.626	0.644
검정					
형용사대 (상단:1~하단:7)	싫어하는 - 좋아하는	안절부절 못했다 - 안정되다	건조한 - 축축한	일반적인 - 개성적인	건강적인 - 건강하지 않은
「고군」 n = 12	5.75	5.50	5.00	4.33	2.25
「저군」 n = 14	5.15	5.69	4.62	4.46	2.08
p값	0.068	0.646	0.240	0.586	0.725
검정	#				

Kruskal-Wallis test, $*p < 0.05$, $\#p < 0.10$

「인공적인 - 자연적인」에 유의차가,「친숙해지기 쉬운 - 친숙해지기 힘든」 및「싫어하는 - 좋아하는」에 차가 있는 경향이 인정되었다. 이 결과는「고군」은「저군」에 비해, 삼림환경에 대해 적당하게 자연성을 느끼고 있고, 보다 친숙해지기 쉽고, 마음에 든다고 느끼고 있을 가능성을 시사하고 있다.

3. 『신경증 경향』이 스트레스 감소 효과에 미치는 영향

① 보행 활동 전후의 「고군」과 「저군」의 비교결과

보행활동 전후에 분석대상자의 기분 상태의 변화에 대해서 알아보기 위하여, POMS의 6척도를 대상으로 「고군」과 「저군」의 득점을 정리하고, 양군 간에 통계적인 검정을 실시했다. 그 결과, 모든 척도에서 「고군」쪽으로 스트레스의 감소 경향이 인정되고, 특히 「분노 - 적대감」척도에 대하여 유의차($p<0.05$)가 확인되었다(표 25).

〈표 25〉『신경증 경향』: 「고군」과 「저군」의 보행활동 전후에 관한 비교

보행활동 전후의 비교	긴장 - 불안	우울 - 침체	분노 - 적대감	활기	피로	혼란
「고군」 n = 12	-1.92	-1.08	-2.83	5.75	-2.75	-1.92
「저군」 n = 14	-1.31	0.15	0.54	2.85	-1.00	0.00
p값	0.76	0.18	0.03	0.25	0.31	0.25
검정			*			

ANOVA, $*p<0.05$

여기에서의 분석 대상은 보행활동 후부터 보행활동전의 T득점의 값을 뺀 차이 분 (보행활동 전후)의 각 군 평균값이다. 보행 후에 「고군」은 「저군」보다도 모든 척도에서 높은 기분의 개선 효과가 확인되었다. 특히 「분노 - 적대감」은 유의하게 「저군」보다 저하된 것으로부터, 보행활동이 「고군」에서 「분노 - 적대감」의 저하로 높은 효과를 가져왔음을 알 수 있다.

② 좌관활동 전후의 「고군」과 「저군」의 비교 결과

좌관활동 전후에 분석대상자의 기분상태 변화에 대해서 알아보기 위하여 POMS의 6척도를 대상으로 「고군」과 「저군」의 득점을 정리하고, 양군 간에 통계적인 검정을 실시한 결과, 보행활동 전후와 마찬가지로 모든 척도에서 「고군」쪽으로 스트레스 감소 경향이 인정되었다. 특히 「활기($p<0.05$)」 척도에 대해서는 유의차가, 「피로($p<0.09$)」 척도에 대해서도 「고군」이 「저군」보다 감소하는 경향이 있다는 점이 확인되었다(표 26).

〈표 26〉『신경증 경향』 : 「고군」과 「저군」의 좌관활동 전후에 관한 비교

좌관활동 전후의 비교	긴장 - 불안	우울 - 침체	분노 - 적대감	활기	피로	혼란
「고군」 n = 12	-0.50	-23.00	-1.00	4.00	-6.50	-2.75
「저군」 n = 14	-0.23	-8.00	0.15	-0.92	-2.31	0.08
p값	0.87	0.34	0.10	0.05	0.09	0.16
검정				*	#	

ANOVA, $*p<0.05$, $\#p<0.10$

여기에서의 분석 대상은 좌관활동 후부터 좌관활동전의 T득점의 값을 뺀 차이 분 (좌관활동 전후)의 각 군 평균값이다. 좌관활동 후에 「고군」은 「저군」보다도 모든 척도에서 높은 기분의 개선 효과가 확인되었다. 특히 「활기」가 「저군」보다도 유의하게 상승하고, 「피로」가 높은 저하경향에 있었던 것으로 보아 좌관활동이 「고군」에서 「활기」와 「피로」의 회복에 높은 효과를 느꼈음을 알 수 있다.

4. 『신경증 경향』이 삼림욕 체험 후의 감상에 미치는 영향

『신경증 경향』과 삼림환경에 대한 인식과의 관계를 알아보기 위해 양군마다 삼림욕 후의 감상에 관한 조사표 (감상 설문) 결과를 집계했다. 그리고 통계적인 검정을 사용하여 양군의 결과를 비교했다(표 27).

우선, 삼림 산책 후에 양군의 감상을 조사한 결과, 「차분했다」라고 한 분석대상자가 「고군」이 6명, 「저군」이 11명이었다. 또한 「설렜다」라고 한 분석대상자가 「고군」이 6명, 「저군」이 1명, 「어느 쪽도 아니다」라고 하는 분석대상자가 「고군」이 0명, 「저군」

이 1명이었다. 또한, 양군 사이에서 「어느 쪽도 아닌 군」을 제외하고, 「차분했다는 군」과 「설렜다는 군」과의 사이에 「고군」-「저군」간의 통계적인 검정을 한 바, 통계적으로 유의한 차이가 확인되었다($p<0.05$).

〈표 27〉『신경증 경향』: 「고군」과 「저군」의 삼림욕 후의 감상에 대한 비교

	두근두근한 군	안정된 군	어느 쪽도 아닌 군
「고군」(n=12)	6명	6명	0명
「저군」(n=14)	1명	12명	1명

	두근두근한 군	안정된 군	검정결과
「고군」(n=12)	6명	6명	*
「저군」(n=13)	1명	12명	

Fisher의 직접확률법, *$p<0.05$

삼림욕 실험이 끝난 후 대기실에서 실시한 「삼림욕 후 감상에 관한 설문조사(감상 설문)」의 각 피험자 득점을 집계했다. 7단계 선택지 중 "매우 두근두근했다~다소 떨린"의 3단계를 「두근두근한 군」, "대단히 안정된~약간 안정된"의 3단계를 「안정된 군」, "어느 쪽도 아닌" 단계를 「어느 쪽도 아닌 군」으로서 분류했다. 여기서는 주로 어느 쪽도 아닌 군을 제외한 분석결과에 대해 서술하고 있다.

E 삼림욕 전부터 삼림욕 후 감상까지의 관련성

1. 『신경증 경향』과 삼림환경의 인상평가 및 최종적인 감상

인상평가의 비교에서는 「고군」은 「저군」과 비교하여 극단적으로 자연성을 높게 평가하지 않으며 친숙해지기 쉽고 호감이 간다는 결과가 나타났다. 이는 『신경증 경향』이 높은 사람들은 삼림환경에 친숙해지기 쉽고, 더 선호하는 경향이 있다는 것을 의미

하고 있다. 또한, 나름대로 삼림환경에 대해 높은 자연성 [6.17(득점)/7(만점)]을 느끼면서도『신경증 경향』이 낮은 사람들 [[6.62(득점)/7(만점)]에 대해서 상대적으로 자연성의 평가가 낮은 결과를 얻고 있다. 이에 대해서는『신경성 경향』이 높은 사람들에게 있어 삼림환경은 친숙하기 쉬우며, 선호하는 대상이기 때문에 비일상성이 높은 자연환경으로 생각하지 않고, 상대적으로 자연성 평가가 억제된 것 등을 생각할 수 있을 것 같다.

또 감상의 비교 결과에서는 삼림욕 실험 후에도,「고군」은「설렜다」와「차분했다」가 6명씩 동일한 수였던 것에 대해,「저군」은 대부분의 분석대상자가「차분했다」는 결과를 얻을 수 있었다. 이번 실험에서 행한 삼림욕의 체험방법은 적극적으로 무엇인가를 탐구하는 활동이 아니라 혼자 삼림 내의 환경에서 느긋하게 오감을 사용하여 체감하는, 비교적 수동적인 환경체험에 속하는 활동이라고 생각된다. 따라서,「고군」의 절반정도 분석대상자가「설렜다」라는 감상을 가지고 있었던 것은 대단히 흥미 깊은 결과라고 말할 수 있을 것 같다. 이것은 즉,『신경증 경향』이 높은 사람들은 삼림욕에 대해 다양한 감상을 가질 가능성이 있는 것을 의미하며,『신경증 경향』이 높은 사람들에게 효과적인 프로그램이나 환경설계를 하는 경우에는 충분하게 그 점에 유의할 것이 필요하다고 생각된다. 또한 반대로『신경증 경향』이 낮은 사람들은「차분하다」고 하는 것에 대해서도 유의미한 정보가 될 수 있을 것 같다.

2.『신경증 경향』과 삼림욕의 심리적 효과 및 심신 상관의 연관성

먼저,「고군」의 분석대상자는 보행 전 및 좌관 전부터「분노-적대감」,「피로」,「혼란」등의 척도에 관해「저군」보다도 득점이 높고, 상대적으로 높은 스트레스 상태에 있었다고 할 수 있을 것 같다. 또한, 「고군」 및 「저군」 사이에서 보행활동 전후의 차이를 비교하면, 모든 척도에서 「고군」 쪽에 스트레스 감소 경향이 인정되며, 특히 「분노-적대감」 척도에 대해 상대적으로 높은 감소가 확인되었다. 즉, 삼림욕의 보행활동은 『신경증 경향』이 높은 사람들에 대해 보다 효과적이며, 특히 「분노-적대감」의 기분을 진정시키는 효과가 높다는 것을 생각할 수 있다.

또, 좌관 활동 후에 전후차를 비교하면 보행활동 전후와 마찬가지로 모든 척도에서 「고군」 쪽에 스트레스 감소의 경향이 인정되었으나, 「저군」 보다도 「활기」를 상승시키고, 「피로」를 감소시키는 경향이 확인되었다. 이것은 즉, 삼림욕의 좌관활동은 『신경증 경향』이 높은 사람들에 대해 보다 효과적이며, 특히 「활기」의 기분을 높여 「피로」의 기분을 진정하는 효과가 높다는 것을 생각할 수 있다.

3. 인상 평가·삼림욕의 스트레스 감소 효과·감상의 관련성

지금까지의 분석 결과 및 고찰을 〈그림 43〉에 정리했다. 삼림환경에 대한 인상 평가에서는 『신경증 경향』이 높은 사람들이 삼림환경을 보다 「호감이 간다」, 「친숙하기 쉽다」, 「적당히 자연적이다」 라고 파악하고 있었다. 한편, 그와 같이 삼림환경을 파악하는 사람들은 삼림욕을 실시하기 전에는 『신경증 경향』이 낮은 사람들보다도 스트레스가 높은 상태에 있다. 그러나, 보행 활동 후에는 보다 분노나 적대감의 기분이 누그러지고, 또한 좌관활동 후에는 활기가 높아지며 피로가 풀린다는 결과를 얻었다. 이것은 즉, 삼림환경을 보다 호의적으로 평가하는 경향에 있는 『신경증 경향』이 높은 사람들에게야말로 삼림욕이 보다 효과적일 수 있다는 가능성을 시사하는 것으로 여겨진다.

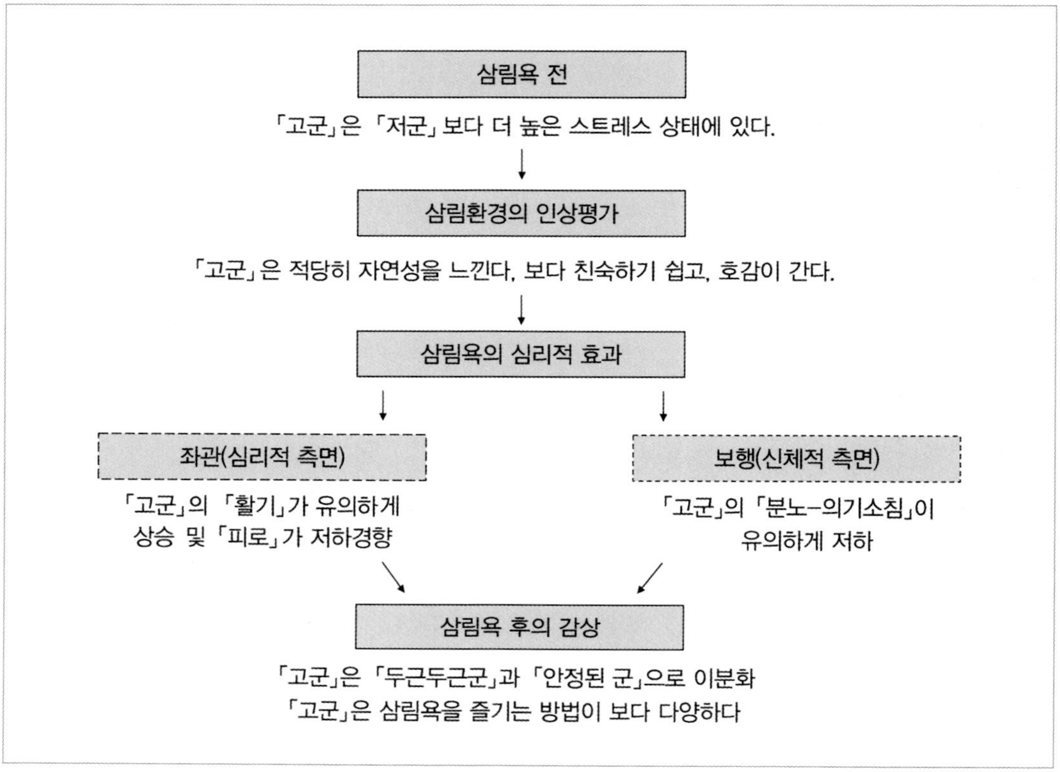

〈그림 43〉 이 장의 정리

「고군」과 「저군」을 삼림욕 이전 상태로부터, 삼림환경의 인상 평가의 단계, 좌관활동 또는 보행활동을 실시하고 있을 때의 상태, 마지막으로 삼림욕 후의 감상에 대해 시계열적으로 비교한 결과를 정리했다. 「고군」은 「저군」에 비해 삼림욕 전부터 스트레스 상태가 높고, 삼림환경에 대한 인상평가도 다르며, 삼림욕의 심리적 효과도 높다는 것, 감상도 다양하다는 것 등이 밝혀졌다.

또한 이번에는 통계적인 검토를 하지 않았기 때문에 여러 문헌을 고증하여 논술하는 고찰에 머무르지만, 삼림욕 후의 최종적인 감상에 대한 회신을 요구했을 때, 「고군」이 「설렜다」는 사람들과 「차분하다」는 사람들로 이분화 되었다. 이것에 대해 지금까지의 분석결과(표 25, 26) 등과 함께 생각해 보면, 예를 들어 삼림욕의 좌관 활동을 함으로써 보다 활기가 높아져「설렜다」는 사람들과, 보다 피로가 풀려「차분해진」사람들로 나뉘며, 그것이 최종적인 감상에 반영되었을 가능성 등도 생각할 수 있을 것이다.

정리

이 장에서는『신경증 경향』을 지표로 하고 그 높낮이에 따라 대상자를 분류하여, 삼림환경의 인상 평가 및 삼림욕의 스트레스 감소 효과, 최종적인 감상에 대해 조사하였다. 그 결과,『신경증 경향』이 높은 사람들은 삼림환경에 대해 더 호감을 가지며, 친숙해지기 쉬우며, 적당하게 자연성이 높은 환경이라고 평가하고 있었다. 또한 삼림욕 전부터 상대적으로 높은 스트레스 상태에 있는 것 같으나, 단시간의 보행활동을 함으로써 특히 분노나 적대감이 진정되고, 좌관활동을 함으로써 활기가 높아져 피로가 저하될 가능성이 시사되었다. 그리고「저군」과는 달리,「설렜다」,「차분하다」라는 감상으로 이분화 될 가능성이 시사되었으나, 그 이유에 대해서도 좌관활동의 효과라는 관점에서 정리되었다.

그리고 여기에서는 복수의 조사표를 이용해 피험자의 주관적인 응답 결과를 대상으로 분석했으나 보다 과학적인 증거가 요구되는 요즈음의 정책 동향에 있어서는 별도의 신경 증상이나 우울 경향에 관한 의학 및 생리학적 검토도 필요할지도 모른다. 또한, 연구성과를 현장에 응용적으로 반영해 가기 위해서는 지금까지 각지에서 전개되어 온 일반적인 삼림욕에서 제공하는 프로그램이나 삼림환경의 의장(디자인)들을 기초로 하면서도, 이번과 같은 연구 성과를 감안하여 정상적인 그리고 성격적으로 신경증 경향이 높은 사람들과 같이 스트레스에 약한 특성을 지닌 사람들에게 보다 효과적으로 삼림욕을 체험할 수 있는 프로그램 및 의장(디자인)의 방향을 고려하는 것이 필요하다고 생각된다.

제❹장

개인차를 배려한 프로그램·삼림환경 정비 방안의 추진

A 보다 실천적인 관리로

지금까지의 분석에 의하면, 삼림환경의 인상 평가, 삼림욕의 심리적 효과 및 감상에는 개인 특성의 같고 다름에 따라 차이가 생긴다는 것이 밝혀졌다. 또 앞 장에서는 신경증 경향이라고 하는 특정 지표에 초점을 맞춰 논의했지만, 이 내용은 신경증 경향이 있는 사람들에게 효과적인 삼림욕 체험을 가져오는 구체적인 지침을 설정하는 측면에서 매우 의미 있는 견해가 될 것이라 생각된다.

제 I 부에서 주로 논의한 바와 같이, 삼림욕에 관한 연구의 대부분은 기본적으로 개인차나 피험자의 특성 및 다양성을 대상으로 한 연구가 아닌 평균적인 효과의 검증 등을 실시하는 접근법이 주를 이루었다.

우선은 삼림욕의 효과를 넓게 알고, 삼림욕에 제공하는 삼림 정비를 추진하기 위한 견해를 다듬는 것이 중요하므로, 필요한 일이었다고 생각한다. 실제로, 현장 실험 및 실내 실험에 따른 실제적인 연구의 축적에 의해, 일본의 많은 지방 자치체에 과학적인 효과 판정에 입각한 삼림 테라피 기지·삼림 테라피 로드를 설정하였고, 지역주민의 건강유지나 도시주민의 헬스 투어리즘, 치유의 장으로서 이용되고 있다.[80~84]

그러나 삼림욕을 예방의학으로서 보완·대체 요법의 하나[85]로 생각하는 입장에서, 지금까지 이 책에서 논의를 거듭해 온 것처럼 개개인의 특성에 따라 삼림욕의 생리적 또는 심리적 스트레스 감소 효과 혹은 relax 효과 등이 다르다고 한다면, 각 이용자의 방문목적이나 개인 특성, 체력 등에 따라 가장 효과적이며 시간 경제적으로 스트레스 감소 효과를 고도로 발휘가 가능하게 하는 적용이 요구될 것으로 생각된다. 즉, 가까운 장래에는 이용자가 가지고 있는 문제를 파악하고, 그 문제를 조금이라도 효율적으로 해소하거나 완화할 수 있는 삼림욕이 될 수 있도록 하는 환경 정비가 요구되는 국면이 생길 것이다. 그러한 상황에 대응하기 위해서는 미리 수용하는 측에서 모든 이용자의 특성에 대응할 수 있도록 다양한 요소로 이루어진 삼림환경을 정비하는 것은 물론, 다양한 기호성이나 목적 및 개인 특성을 가진 이용자에 대해 적절한 효과를 가져오는 활동 및 복수의 프로그램 또는 삼림환경과 프로그램의 세트를 "처방(제삼자가 전문적인 관점에서 문제의 해결 방법을 제공한다는 뜻)"해 가는 것이 필요하게 될 것이다. 또, 구체적인 제안을 하기 위해서는 제공하는 프로그램, 환경설계 등 삼림욕에 관한 soft 및 hard적인 선택사항에 대해서, 이용자 개인 특성의 다양성을 배려한 삼림욕이 될 수 있도록 과학적이고 객관적인 자료를 정비하여 누구에게, 무엇을, 어떻게 처방하면 좋은지, 등에 관한 논의를 심화해 나갈 필요가 있을 것이다.

따라서 이 장에서는, 우선 지금까지 삼림 테라피 기지나 삼림보양지의 현장에서 전개되어 온 프로그램과 환경설계에 관한 정보 및 삼림학계의 연구 분야에서 삼림욕에 관해서 행해져 온 견해를 정리한다. 그리고 삼림환경이 많은 사람들에게 이용되는 것을 전제로, 특히 심신 모두 건강하지만 신경증 경향이 높은 이용자에 대해서 보다 높은 산림욕 효과를 가져오는 프로그램과 환경 정비방안을 제안하고자 한다.

B 신경증 경향이 높은 이용자에게 효과적인 프로그램 및 산림환경 정비 방안

지금까지, 정상인이지만 성격적으로 신경증 경향이 높은 사람에 대해서 보다 효과적인 삼림욕 환경을 정비하기 위한 부분을 다루었다. 특히, 신경증 경향이 높은 사람과 그렇지 않은 사람은 환경을 파악하는 방식이 다르고, 그것이 스트레스 감소 효과의 차이가 되어 나타난다는 발견은 삼림욕 환경의 정비에 새로운 과제를 가져오는 사실이라고 생각된다. 그러면, 그러한 과제를 뛰어넘어 모든 사람 및 특히 신경증 경향이 높은 사람에게 효과적인 프로그램 등의 소프트적인 선택사항, 또는 하드적인 삼림의 환경정비 방침 등에 대해서 어떻게 구체화되면 좋을까. 여기에서는 소프트웨어적인 프로그램과 하드웨어적인 환경정비(방침)의 2가지 측면에서 생각해 보고자 한다.

C 정리 방법

소프트 및 하드에 대해 고려하려고 한다면 누가, 언제, 어떻게 그것을 사용하는가 하는 국면에 따라 분류하고 정리해 두면 더욱 이해하기 쉬울 것이다. 그래서 여기에서는 5W1H라고 불리는 분석방법[86)]을 이용하여 각각의 정리를 하려고 한다. 여기에서 5W1H분석이란 문장을 구성할 때 등의 기본적 요소로 이용되는 Why, What, Who, Where, When의 각각의 머리글자를 딴 5W에, How의 1H를 덧붙여 6가지 측면에서 대상을 분석하는 방법이다. 마케팅 분야에서 흔히 이용되는 방법으로 「왜(Why)」, 「무엇을(What)」, 「누가(Who)」, 「어디서(Where)」, 「언제(When)」, 「어떻게(How)」와 같은 요소를 파악함으로써 기업의 전략 책정, 계획 입안에 유용한 분석 방법으로서 이용되고 있다. 이번에는, 상기 내용에 「누구랑(With whom)」을 추가하여 6W1H로 분석하도록 하였다. 여기에서 With whom을 분석 대상으로 한 이유는, 환경정비나 프로그램의 실시에 있어서는 그룹이나 다른 이용자 등의 상호 간섭 영향을 무시할 수 없기 때문이다.[87]

D 프로그램

우선 프로그램에 대해 정리하면, 이하의 제안이 가능할 것으로 생각된다.

1. When (언제)

지금까지 조사한 신경증 경향이 높은 사람의 특성 중, 특히 혼자 삼림욕을 하는 경우에는 방문자가 많은 삼림 산책 코스에서는 사람이 많은 낮이나 또는 지나치게 불안감을 야기하는 야간을 피하여, 이른 아침에 삼림욕을 하는 것이 바람직하다고 생각한다. 또 그러기 위해서는, 이른 아침에 도달 가능한 장소를 선택하거나, 며칠간 머물러 이른 아침에 삼림욕을 실시하고, 낮에는 삼림과 관련성의 유무 여부와는 관계없이 다른 좋아하는 활동을 하는 것이 바람직할 것이다.

2. Where (어디에서)

삼림욕의 효과를 높일 수 있도록 삼림 환경에 대한 친숙감이 높은 특성을 활성화시킬 수 있는 프로그램 도입이 요구될 것이다. 구체적으로는 무더운 여름철에는 나무 그늘에서 느긋하게 햇빛을 피해 휴식을 취하거나, 봄철이나 가을철의 온난할 때에 운동을 동반한 삼림욕을 실시하는 등, 삼림의 환경요건을 활용한 프로그램의 추진이 요구될 것이다(그림 44).

〈그림 44〉 나무그늘과 벤치

또, 여름철에는 햇볕이 잘 들어오고 숲속의 변화가 많은 낙엽활엽수림에서 산책이나 풍경 감상, 가이드투어 등 체력소모가 적은 프로그램을 선택하고, 봄철 및 가을철에 있어서는 상기 내용에 덧붙여 네이처(nature)게임, 공예, 삼림조성 체험 등 운동효과가 요구되는 프로그램을 선택하는 것도 효과적이라고 생각된다.

3. With whom (누구와)

불특정 다수의 낯선 이와 함께 참여하는 집단적인 프로그램이 아니라 단독이나 소수로도 참여하여 즐길 수 있는 프로그램이 효과적일 것이다. 예를 들어 대화의 주도권을 잡으려고 하지 않는 passive한 가이드와 함께 행동함으로써, 신경증 경향이 높은 사람의 안심감이나 적극성을 이끌어낼 가능성도 생각할 수 있다. 그러기 위해서는 여러 타입의 가이드를 갖추고, 가이드의 특징이 부각되기 쉬운 정보제공 방법을 생각함과 동시에, 신경증 경향이 높은 사람의 특성을 이해한 가이드의 육성과 배치가 필요할 것이다. 또 가능한 장소에서는 개 등의 반려동물을 대동하여 함께 삼림욕을 함으로써 보다 효과적인 스트레스의 감소를 기대할 수 있을 것이다(그림 45).

〈그림 45〉 반려동물과의 삼림산책

4. Who (누구를)

신경증 경향에 기인하는 심질환과 관계가 깊은 요인을 예방하기 위한 효과적인 프로그램 구상을 목표로 하는 것은 매우 의미있는 일이다. 왜냐하면, 예를 들어 신경증 경향이 높은 사람이 심신에 있어서 건강함으로, 중장기적으로는 불안장애가 되는 사람이 감소하고 의료비 증대 억제에도 공헌할 것이 기대된다. 또한 삼림이용자가 증가하면 그에 부수적으로 지역 내방객도 증가하기 때문에 직접 및 간접적인 연결을 통해 지역 경제가 활성화될 가능성도 기대할 수 있다. 또, 프로그램의 실시에 가이드나 상담사를 활용함으로써 지역에 새로운 고용이 창출된다.

5. What (무엇을)

우선, 과학적 식견에 입각하여 각 프로그램이 신경증 경향이 높은 사람에게, 어떠한 효과를 가져올 것인가에 관한 정보를 제공하는 것이 요구될 것이다. 신경증 경향이 높은 사람의 특성을 고려해보면, 아마도 그다지 격렬한 움직임을 수반하지 않는 걷기(산책)나 좌관, 명상, 숲속요가 등의 프로그램을 주로 하는 것이 바람직하다고 생각된다. 또한 현재는 그다지 적극적으로 도입되지 않고 있으나, 정적인 활동으로서 숲에서 하는 예술제나 콘서트 등을 할 수 있는 삼림의 정비도 좋다고 생각된다(그림 46).

〈그림 46〉 숲의 예술제와 음악제

또한 받아들이는 측의 입장에서도 이용자의 심리적 상태나 증상의 정도를 인식하고 적절한 프로그램이나 코스를 제공할 수 있도록 삼림욕을 실시하기 전에 삼림세라피스트나 의사 등의 조언을 받도록 하는 체제가 갖추어지는 것이 바람직하다고 생각된다. 그러기 위해서는 이용자의 목적이나 상태에 따라 효과가 있을 것 같은 단독 활동이나, 그러한 조합에 의한 복합적인 프로그램을 구상하는 것이 바람직하다고 생각된다. 게다가 근처에 있는 온천시설과 숙박시설 등과 제휴한다면, 식사나 온천 목욕 등과의 협업에 의해 한층 더 선택사항이 풍부한, 다양한 프로그램을 제공하는 것도 가능할 것이다.

6. Why (왜)

신경증 경향이 높은 사람의 특성을 감안해 본다면, 운동 목적 및 치유 목적에 초점을 맞춘 프로그램의 제공을 목표로 하는 것이 필요할 것으로 생각된다. 구체적으로는 신경증 경향의 정도나 스트레스의 상태를 파악하고, 나아가 본인의 내방 목적 및 희망을 파악한 후에 모든 것을 가능한 만큼 최적화하는 프로그램을 선택하는 것이 바람직하다고 생각된다.

특히, 심신의 relax에 효과가 높은 활동인 아로마·요가·헬스 투어리즘(1차 예방) 및 멘탈헬스케어(2차 예방) 등은 각성이나 감수성 및 동기부여가 높다고 일컬어지는 신경증 경향이 높은 사람의 스트레스 해소에 효과적인 가능성이 있으므로, 프로그램으로서 적극적인 제공이 기대된다. 또 신체를 움직이는 것을 목적으로 하는 프로그램에 대해서는 행위 자체가 스트레스가 되지 않는 강도로 충분히 유의하여 제공하는 것이 바람직하다고 생각된다. 이와 같이 다양한 선택지를 생각할 수 있기 때문에 현장에서는 이용자가 혼란스럽지 않도록 미리 어떤 활동이 어느 장소에서 실행 가능한지를 제시한 팜플렛 등을 이용자에게 제공하는 것이 필요할 것이다(그림 47).

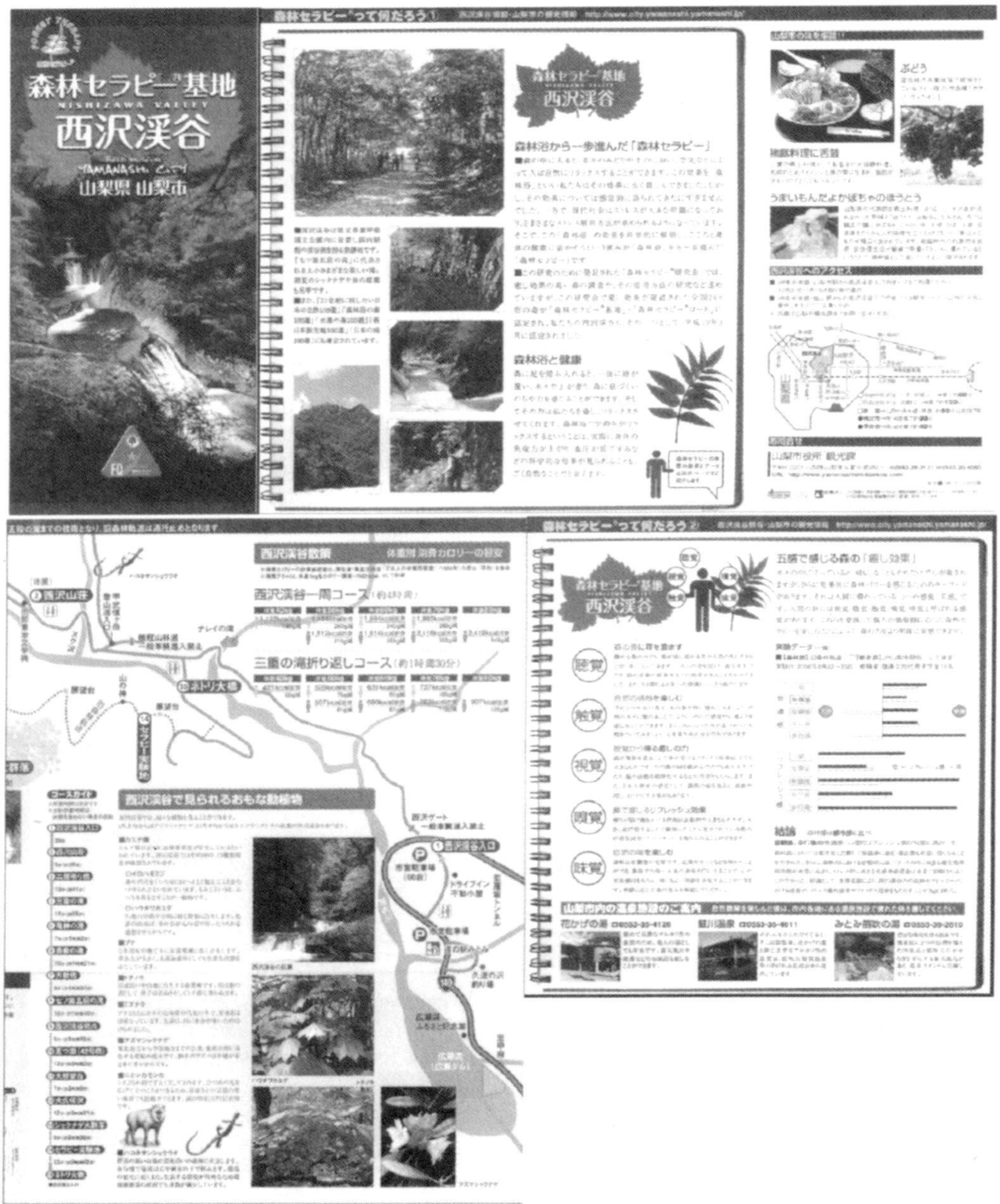

〈그림 47〉 삼림테라피기지의 팜플렛 예(야마나시현 니시자와 계곡)

삼림테라피 기지·로드에서는 이러한 팜플렛이 준비되어 있다.

<http://www.pamph-navi.jp/>에서 인용

7. How (어떻게)

신경증 경향이 높은 사람은 환경으로부터의 자극에 대해 민감하다고 생각된다. 따라서, 부정적인 자극을 가능한 한 느끼게 하지 않고 높은 스트레스 감소 효과를 이끄는 긍정적인 자극을 받을 수 있도록 오감을 활성화시키는 프로그램을 제공하면 좋을 것이다(그림 48). 구체적으로는 이용자가 침착하게 진정할 수 있는 치유를 원하는지, 아니면 신나는 refresh한 활동을 하고 싶은지를 파악하고 그들의 희망에 맞는 프로그램을 제공하는 것이 중요하다.

① 스크리닝[사전]

· 대상자의 스크리닝 → 수용 판단 → 평가 · 분류

② 스코핑[당일]

· 인테크 면접 → 메뉴 선택 → 건강 · 스트레스 체크 (before) → 삼림테라피의 개념 강의

③ 삼림테라피 실천

[필수 메뉴]
a. 삼림걷기(운동강도 · 근육량 · 소비칼로리를 고려한 운동요법, 지형요법 등)
b. 삼림체험(호흡법, 자율훈련법, 자연환경이나 오감을 통한 셀프카운슬링, 기후요법 등)
c. 식사요법 · 영양지도(칼로리를 고려한 약선 · 산나물 · 잡곡 요리, 매크로바이오틱스(장수법) 등
d. 일상생활 어드바이스(일 · 운동 · 휴양 · 영양 · 수면의 밸런스와 리듬, 멘탈 헬스)

[선택메뉴]
a. 아로마 테라피 (방향요법, 작업요법 등)
b. 삼림작업 (운동요법 · 작업요법/간벌 · 제벌 · 식수, 통나무 가지치기 운반 등)
c. 온천욕 (온천요법, 운동요법으로서의 온수운동 등)
d. 삼림 내에서의 솔로 활동 · 체험
e. 삼림내 카운슬링
f. 임간 트레일 · 러닝
g. 산채 · 버섯 생산 수집
h. 야간 하이킹
i. 요가/수림기공/태극권/모리타요법
j. 회화 · 사진/공예 · 조형 (전통민예 · 콜라주요법 등)
k. 음악/노래/악기연주
l. 이야기/하이쿠/단가 만들기
m. 기타 독자 프로그램

④ 삼림 테라피 평가(after)

[측정기기에 의한 효과측정] 심박 변동성, 타액 중 코르티솔, 아밀라아제 농도, 혈압 · 맥박 측정 등
[질문지 등에 의한 효과 측정] 건강도(신체적 · 정신적 · 사회적)에 대해 질문지 · 체크리스트 등을 통해 파악
[종합판정 · 평가, 조언 · 제언] 일상생활의 조언, 다음번 목표 설정 제안

〈그림 48〉 표준적인 산림 테라피 메뉴의 예

大俣知大 : 일본에서 삼림테라피 기지구상의 현단계, 환경정보과학, 35(4), 47-52, 2007에서 허가를 얻어 옮겨 실음.

게다가 삼림환경과 동조한 심신 모두 편안한 프로그램을 도입하는 것도 필요할 것이다. 예를 들어 relaxation에 효과적인 스트레칭이나 요가 등을 적극적으로 도입하는 것도 효과적일 것이다. 또한, 이 책에서 밝혔듯이 첫 번째로 보행에 관한 활동을 도입함으로써 분노나 적대감을 잠재울 수 있게 되며, 그 후에 삼림내 풍경에 느긋하게 빠져서 피로로부터의 회복 및 활기를 높일 수 있을 것이다. 또 특정하게 기분이 좋다고 생각되는 자극에 초점을 맞춘 프로그램의 도입(나무 사이로 들어오는 햇빛 체험, 흐르는 물소리와 동조, 거목(큰 나무)과의 일체화 등)도 유효하다고 생각된다(그림 49~51). 그러나, 그러한 치유를 가져오는 프로그램을 제공하기 위해서는 준비를 게을리 해서는 안 된다. 예를 들어 여름철에서도 햇볕에 의한 체력 소모를 막고, 벌레 물림 방지를 위한 긴팔 옷이나 모자, 벌레 제거용 스프레이나 휴대용 벌레 방제제를 이용자는 스스로 준비해야 함을 알려주어야 하며, 삼림 현장에서도 대여할 수 있도록 하는 준비체제도 필요하다. 또, 거머리가 발생하는 여름철 상록수림에서는, 삼림을 관리하는 측에서 그것들을 방제하거나, 가을철에 걸쳐 특히 말벌에 대한 대처방법을 준비하는 것도 필요하다고 생각된다.

〈그림 49〉 삼림 내의 나뭇잎 사이로 비치는 햇빛

〈그림 50〉 삼림 내 유수와의 동조

〈그림 51〉 삼림 내의 큰 나무와의 일체화

E 삼림 환경정비 방안

다음은 환경 정비 방안에 대해서 생각해 보고자 한다. 이에 대해서는 신경증 경향이 높은 사람들을 위한 특별한 환경정비 방안이 있다는 것이 아니라, 카가와(香川)[88]가 지적하듯이 일반 이용자를 포함하여, 모든 이용자에게 스트레스 감소 효과가 높은 삼림 환경의 정비를 목표로 하며 이용자의 목적이나 특성에 따라 다양한 프로그램의 선택이 가능하도록 삼림환경의 선택사항을 다양하게 준비하는 것이 중요하다.

1. When (언제)

특히 여름철 아침은 삼림 내에 피톤치드가 많고 시원하며, 삼림 내를 산책하는 사람도 그리 많지 않으므로 신경증 경향이 높은 사람에게 있어서 삼림욕에는 효과적인 시간대라고 생각된다. 그러한 정보를 명시하는 픽토그램 및 사인(간판) 등을 방문센터나 삼림 내 입구 및 코스 내에 정비하는 것이 효과적일 것이다.(그림 52).

〈그림 52〉 테라피 로드 입구 부근의 간판

또, 이른 아침이나 낮에 나뭇잎 사이로 비치는 햇빛을 느낄 수 있도록 코스의 입구나 벤치 등 휴게시설의 근방에, 낙엽활엽수 중심의 저밀도 관리의 삼림환경을 만들어 이용자 주의를 끌 수 있도록 하며, 스트레스 감소 효과를 높일 방안이 필요하다. 곰의 서식지에서는 이른 아침 숲에서 곰 등 위험한 야생생물과 만나 위험에 빠지지 않도록 곰을 만나는 경우 알릴 수 있는 방울의 준비나, 긴급시의 위기 회피방법에 관한 간판 설치 등이 필요하다. 그리고 우천시에 비가 와도 산책이 가능하도록 코스 내의 진흙탕이 예상되는 장소에는 우드칩을 부설해 두는 것이 바람직할 것이다(그림 53). 또한, 산책 시간을 고려하여 코스의 거리에 따라 되돌아가는 장소의 표지나 표식의 설치를 해 두는 것이 바람직하다고 생각된다.

〈그림 53〉 우드 칩의 부설

2. Where (어디에서)

기본적으로 안전하고 안심할 수 있는 산림환경의 정비를 할 수 있도록 하는 것이 바람직하다. 그러기 위해서는 가능한 한 다양한 삼림환경을 즐길 수 있도록, 개개의 삼림환경이 가지고 있는 각각의 originality를 강조해 코스의 정비를 실시하는 것이 좋다. 예를 들면 산림 내나 그 주변에 물가가 있는 곳에서는 수변 벤치를 설치하고, 그 수변에 활엽수를 심어 그늘은 있으나 통풍이 좋은 밝은 삼림환경이 될 수 있도록 조성하는 것이 바람직하다고 생각된다(그림 54).

〈그림 54〉 바람 길이 좋은 삼림환경

또, 같은 임상이라면 이용자가 질릴 수 있으며 진행할 수 있는 프로그램의 종류도 한정되게 된다. 그렇기 때문에, 복수의 코스를 관리·계획하고 있는 장소에서는 코스 1개는 졸참나무, 너도밤나무 등 낙엽활엽수 삼림으로, 다른 곳은 삼나무, 편백나무 등 상록침엽수림으로 하는 등 장기적이고 목적에 부합하는 관리와 정비를 하는 것이 바람직할 것이다(그림 55~57). 또한 하나의 코스만을 계획하는 구역에서는 코스 도중에 침엽수림에서 활엽수림으로 또는 침엽수림으로 등과 같이 그 코스 주변의 임상(삼림을 구성하는 수종, 임관의 조밀도, 임령, 임목의 생장상태 등으로 나타나는 삼림의 전체상)을 패치워크 형태로 정비한다면 어느 정도 다양한 체험을 가능하게 하는 환경이 보장될 것이다.

〈그림 55〉 이와테 현·이와이즈미정의 너도밤나무 숲

〈그림 56〉 야마카타현·오쿠니정의 물참나무림

〈그림 57〉 와카야마 현·코야 정의 삼나무 숲

또, 그러한 삼림환경의 정비에 수반하여, 보다 효과적으로 환경의 이용을 촉진시키기 위한 고민도 필요하다. 예를 들어 삼림욕에 관한 최근 연구성과에 주목하고, 그 장소 혹은 비슷한 임상과 환경에서 특정 프로그램을 체험함을 기대할 수 있으며, 신체적 및 심리적 스트레스 감소 효과에 관한 정보를 사인 등으로 제공하는 시도는 효과적인 수단의 하나일 것이다(그림 58).

〈그림 58〉 현지에서 실험결과를 제시

3. With whom (누구)

신경증 경향이 높은 사람은 타인의 존재에 과민하게 반응하기 때문에 기본적으로는 삼림 내에서 누가 거기에 있는지 등을 파악할 수 있도록 전망이 좋은 저밀도의 삼림환경 정비가 적합하다고 생각된다. 그러기 위해서는 기본적으로는 빛이 많이 들어오는 활엽수가 주를 이루고, 수목의 본수도 저밀도의 밝은 산림환경으로 정비하는 것이 효과적이다. 그러나, 침엽수림일지라도 저밀도로 관리되고 있다면, 충분히 대응이 가능하다고 생각된다. 그 이상으로 삼림내에서 전망이나 밝음, 코스상의 안전을 확보하는 데 필요한 부분으로는 임상에 침입하는 조릿대 등 하초를 적당히 관리하는 것이 필요할 것이다.

또한 가이드 없이 삼림욕을 하는 경우에는 그 장소에서 어떤 프로그램이 가능하고 효과적인지에 대해서 이용자가 알 수 있도록 오감별로 작용하는 삼림환경 요소의 내용과 메커니즘을 설명한 픽토그램 및 사인을 설치해 두는 것이 바람직할 것이다. 또한 가이드가 동반되는 경우에도 가이드가 현장에서 이용자에게 알려주기 쉽도록 삼림환경 내에 공식 가이드 포인트 등을 미리 정비하는 것이 바람직하다고 생각된다(그림 59). 또 혼자 삼림욕을 즐기는 경우에 옵션으로서 평소 이용자에게 익숙한 개 등 반려동물을 동반할 수 있다면 보다 높은 스트레스 감소 효과를 누릴 수 있을 것이다. 그러기 위해서는 그것이 가능한 코스의 정보를 적극적으로 알림과 동시에, 반려동물의 동반 시 주의사항 등에 대해서도 함께 정보를 제공하는 것이 바람직하다고 생각된다(그림 60).

〈그림 59〉 삼림내의 빅토그램(시각기호)

〈그림 60〉 아쓰키시 삼림테라피기지의 정보제공 사례

아쓰키시(厚木市) 세라피기지에서는 팜플렛을 사용한 상세한 정보제공을 하고 있다. (http://www.city.atsugi.kanagawa.jp/kankou/iyashi/therapy)에서 인용

4. Who (누구를)

관리나 정비의 인적 및 경제적인 비용을 고려한다면, 일반인들의 이용이나 삼림욕의 스트레스 감소 효과를 느끼는 것에 지장을 주지 않으며, 신경증 경향이 높은 사람에게 유효한 삼림욕에 제공하는 환경 정비를 목표로 하는 것이 합리적이다. 그런 의미에서, 이미 말했듯이 특별히 신경증 경향이 높은 사람들을 위한 삼림환경을 정비하는 것보다도 일반 이용자들에게 다양한 삼림욕 체험을 할 수 있도록 삼림환경의 다양성을 보장하는 정비가 이루어지는 것이 바람직하다고 생각된다. 또 그러한 환경이 정비되고 있으면, 필요에 따라서 신경증 경향이 높은 사람에게 효과적인 삼림 환경의 선택이 가능하게 된다고 생각된다.

또한 삼림욕을 위해 삼림환경이 정비됨으로써 결과적으로 다면적 기능의 고도발휘가 가능한 삼림이 유지되고, 산림환경 정비나 시설의 유지관리를 하는 업무가 발생함에 따라 지역에 새로운 일자리가 생길 수 있다.

5. What (무엇을)

기본적으로 다양한 프로그램이 이루어질 수 있도록 가능한 한 수종, 수목 밀도 및 개 공률(開空率)에 다양성을 지닌 삼림환경을 정비하는 것이 바람직할 것이다. 오쿠(奥)[89] 등이 정리한 입목밀도와 산림식생에 의한 임내경관 관리를 위한 자료(표 28)와 이 자료에 기술된 바와 같이 본수밀도 950본~1,300본/ha정도(흉고단면적 합계로 환산하면 27㎡~35㎡정도)의 입목밀도가 가장 선호된다는 지견이 도움이 될 것이다. 또 구체적인 정비방법으로 삼림환경의 내부 또는 그 주변에 앉아 명상하거나 뒹굴 수 있도록 넓은 임내광장을 정비하면 좋을 것이다(그림 61~63, 표 29). 또 삼림 내에서 예술 감상과 콘서트 등이 가능하도록 어느 일정한 광장이나 극단적으로 본수밀도(50~100본/ha)을 줄이고, 그루터기에 앉을 수 있도록 하는 삼림환경이 있어도 재미있을 것이다.

또한 코스를 설계할 때에는 걷기에 부담이 되지 않을 정도의 저경사 코스의 정비가 바람직하다고 생각된다. 더 나아가 좌관하기에 좋은 장소와 물가가 있는 경우에는 휴식할 수 있는 시설(벤치, 정자)을 적극적으로 정비하는 것이 바람직할 것이다(그림 64).

〈표 28〉 입목밀도와 삼림식생의 기준

연구사례	대상 지역	상정하는 활동type	식생 type	고목층입목밀도(본/100㎡) ~ 3 4 5 6 8 11 15 18 ~	임상식생고(cm) ~ 10 20 30 40 50 70 100~	임상식생 type
삼림의 레크리에이션 이용과 그 이미지에 관한 기초적연구[藤本(1978):조원잡지42(2)]	도시공원 ~도시근교림	운동 휴식 산책		a	a	
도시근교수림내에서 레크리에이션에 대하여[伊東(1983):도시공원]	도시 근교림	운동 휴식 산책	면적비율에서는 사쿠라림과 초지에서 이용자가 많다	a	a	
공원녹지내 기존 소나무림의 레크리에이션적 평가에 관한 연구[李(1986):조원잡지49(5)]	도시 공원	사사내놀이 (휴식산책 포함)				나지형·잔디형
레크리에이션을 목적으로 한 이차림의 개량과 그 임상관리에 관한 생태학적연구[重松(1988):오사카부립대학기요40]	도시 근교림	휴식체류 산책 감상		b 기준없음 cl	a	저경초본형·화초형·사사형·자초형·철쭉형 초화형·철쭉형
대규모공원·녹지내 수림지 평가에 관한 연구[眞鍋 외(1990):조원잡지53(5)]	도시 공원	동적 놀이 휴식 산보		d a	a	
도시내 삼림공원의 식생적 형태와 이용자의 행동에 관한 조사연구[吉田외(1990):조원잡지54(2)]	도시 공원	산책·경운동 휴식	낙엽수 활엽수 낙엽수 활엽수	e e		잔디형·초화형 잔디형·초화형
도시근교수림 등 삼림의 공익적기능 유지강화를 위한 관리기술개발[下村(1992):농림수산기술회의사무국연구영역 269]	도시 근교림 (근세)	산책·음식·감상 등	풍치수 혼식			
생활환경보전림의 입목밀도에 관한 일고찰[井川原(1997):치산42(9)]	도시 근교림	산책시의 감상	졸참 나무림			

a : 산책형 이용은 입목밀도나 임상 식생고에 크게 관계없이 분산한다. 운동, 휴식형의 이용이 이루어지기 어려운 부분에서는 상대적으로 산책형의 이용 빈도가 높아진다.
b : 소나무림에서 600본/ha, 졸참나무·상수리나무림에서 850본/ha 이하(상대조도는 30% 이상)
c : 소나무림에서 300본/ha, 졸참나무·상수리나무림에서 500본/ha 이하(상대조도 40% 이상)의 조건에서는 야생초화의 증식과 개화를 기대할 수 있다.
d : 고목층의 피복도가 높은 (피복도 5)로 감소
e : 지하고 1.8m 이상

奧敬一, 香川隆英, 田中伸彦 : 매력있는 삼림경관만들기 가이드, 전국임업개량보급협회, 동경, 275pp, 2007.

〈그림 61〉 산책형 활동의 임내

〈그림 62〉 휴게형 활동의 임내

〈그림 63〉 운동형 활동의 임내

〈표 29〉 활동에 대응한 삼림관리의 기준

활동 type	삼림관리의 기준		
	입목밀도	입목의 간격	임상식생의 높이
산책형 활동	600本/ha以上	約4m間隔	40cm以上
휴게형 활동	300~600本/ha	4~6m間隔	10cm前後
운동형 활동	300本/ha以下	6m以上間隔	5~20cm

藤本和弘등 : 삼림 레크리에이션 이용과 그 이미지에 관한 기초적연구, 조원잡지, 42(2), 1978을 허가를 얻어 옮겨 실음.

〈그림 64〉 휴게시설의 설치 사례(좌 : 벤치, 우 : 정자)

6. Why (왜)

기본적으로는 운동 목적과 치유 목적 모두에 초점을 맞춘 프로그램이 실행 가능한 삼림환경을 정비하는 것이 필요하고 합리적이라고 생각된다. 그러기 위해서는, 신경증 경향이 높은 사람이 느긋하게 relax하고, 삼림에서 스트레스 감소 효과를 누릴 수 있도록 밝고 안전하며 안심할 수 있은 좋은 전망을 가진 삼림환경을 정비하는 것이 요구된다.

구체적인 정비의 방법으로서는 코스 내의 삼림 환경 상황을 근거로 하여 프로그램에 대응하여 코스의 어디에서 그것이 가능하는 지를 알려주는 픽토그램이나 사인을 설치하는 것이 좋을 것이다. 그러한 배려에 따라 신경증 경향이 높은 사람도 스스로 스트레스 감소 효과를 높일 수 있는 프로그램을 선택하고 실시할 수 있을 것이다. 또, 운동 목적이라는 관점에서는 적당히 운동효과를 조정할 수 있도록 0~5도의 평탄한 코스를 기본으로 하여 5~10도의 완만한 경사, 혹은 가끔 10~15도의 기복이 있는 코스 등을 체력에 맞게 선택할 수 있도록 정비하는 것이 바람직할 것이다[90](표 30).

〈표 30〉 산책로의 경사각과 보행시의 피로

경사각	특징
5도	완만한 등산길이라 휴식없이 도달할 수 있다.
10도	다소 완만한 등산로에서 60분에 5분 정도의 휴식이 필요
15도	보통의 등산로에서 30분에 5분 정도 휴식이 필요
20도	약간 비탈진 등산로에서 20분에 5분의 휴식이 필요
25도	가파른 등산로에서 10분에 몇 분의 휴식이 필요
30도	꽤 가파른 등산로에서 5분에 몇 분의 휴식이 필요
35도	계단이 있어도 빡빡하고 지그재그 길이 아니면 오르기 힘들다.
40도	자갈과 자갈의 안식각에서 줄줄 미끄러져 내린다.
45도	위에서 보면 절벽과 가깝고 사다리가 없으면 통행불능.

삼림환경에서는 경사각별로 쾌적하게 보행하기 위한 조건이 크게 다르다.
<http://www.ne.jp/asahi/ando/tanzawa/>에서 인용하여 작성

이상과 같이, 기존의 임상의 다양성을 활용해 운동 목적이나 치유 목적에 관한 다양한 프로그램의 실시를 가능하게 하는 환경을 목표로 한 정비가 중요할 것이다.

7. How (어떻게)

일반인에 비하여 성격적으로 신경증 경향이 높은 사람은 환경으로부터의 자극에 대해 민감하므로 삼림환경을 정비하는 데 있어서도 부정적인 자극을 최대한 배제하고 긍정적인 자극을 감수할 수 있도록 의도적으로 정비하는 것이 중요하다.

구체적으로는 습기가 많고, 강우로 인해 물이 고일 것 같은 장소에는 우드칩을 깔거나, 흙더미를 해서 걷기 편하고 안전한 코스를 만드는 것이 좋을 것이다. 또한 코스를 정비할 때에는 이용자가 많은 하계 이용을 중심으로 삼림 내의 지형을 읽고, 통풍의 방향을 생각하여 시원한 바람이 삼림 안으로 들어오도록 고려한 정비를 실행하는 것이 바람직하다고 생각된다. 또한, 삼림 내의 하초를 베고 통풍이 잘 되게 해 둠으로써 모기나 쇠가죽파리, 거머리 등이 가능한 한 발생하지 않는 대응이 가능해진다. 또 가을~겨울 같은 삼림 내가 건조한 시기에는 낙엽에 묻혀서 놀 수 있도록 삼림 내에 낙엽 스톡을 정비하는 것 등도 하나의 정비안으로서 고려될 수 있을 것이다(그림 65).

〈그림 65〉 낙엽의 애완동물

한편, 성격적으로 신경증 경향이 높은 사람은 그 감수성의 높이로 인해 신체적 및 정신적으로 쉽게 지칠 수 있다는 것을 생각할 수 있다. 그러므로 삼림 내에서 지쳤을 때 곧바로 쉬도록, 100m～150m정도의 간격으로 코스 위에 쉴 곳(벤치, 정자 등)을 정비해 두는 것이 바람직할 것이다.

정리

본장에서는 5(6)W1H분석을 응용하고, 프로그램과 환경정비의 2가지 측면에서 특히 신경증 경향 높은 사람들에게 영향을 주는 삼림욕 환경에 대한 검토를 하였다. 이번 검토한 사항은 필수불가결한 요인이라기보다는, 하나의 기준을 고려하여 실제 삼림욕 환경정비를 할 때에는 지역 특성이나 삼림상황에 따라 제안 및 그 조합이 적합하게 선택되는 것이 바람직하다고 생각된다. 또한, 이때는 우에히라(上田)[91] 등이 제시한 이용자가 생각하는 삼림욕에 대한 이미지(그림 66, 67)를 해치지 않고, 그리고 다카야마(高山)[92]가 지적한 상관적이론모델(그림 68)을 모방하여, 먼저 환경요인을 갖추고 다음으로 오감의 활용을 촉진하며, 최종적으로 스트레스 감소 효과를 높이는 흐름을 의식하여 정비가 이루어지는 것이 바람직하다고 생각된다. 또, 부정적인 요인에 대해서는 개선 및 대책을 실시하고, 긍정적인 요인에 대해서는 그 잠재력을 더 한층 발휘할 수 있도록 배려하는 방향성이 바람직할 것이다.

또, 그 전제로서 그것들을 실제로 원활히 실시하기 위해서는, 현장의 준비가 불가결하다. 예를 들어 신경증 경향이 높은 사람에 대해서 프로그램을 효과적으로 실시해 나가기 위해서는 이용자 독자적인 판단에 의해서 프로그램이 결정되는 것이 아니라 의학적인 지식이나 삼림에 관한 지식을 겸비한 상담사나 삼림세라피스트[83)]에 의해 판단되는 것이 바람직하다고 생각된다.

이를 위해서는 의사나 간호사 및 임상심리사 등 인간의 심신에 정통한 지식을 가진 직능인들의 힘을 빌리는 것도 필요할 것이다. 앞으로는 경험을 많이 쌓은 삼림세라피스트를 각지의 삼림테라피 기지·삼림테라피 로드 뿐만이 아니라, 가까운 삼림에 배치하여 전문적인 상담이나 조언이 이루어질 것이 기대된다.

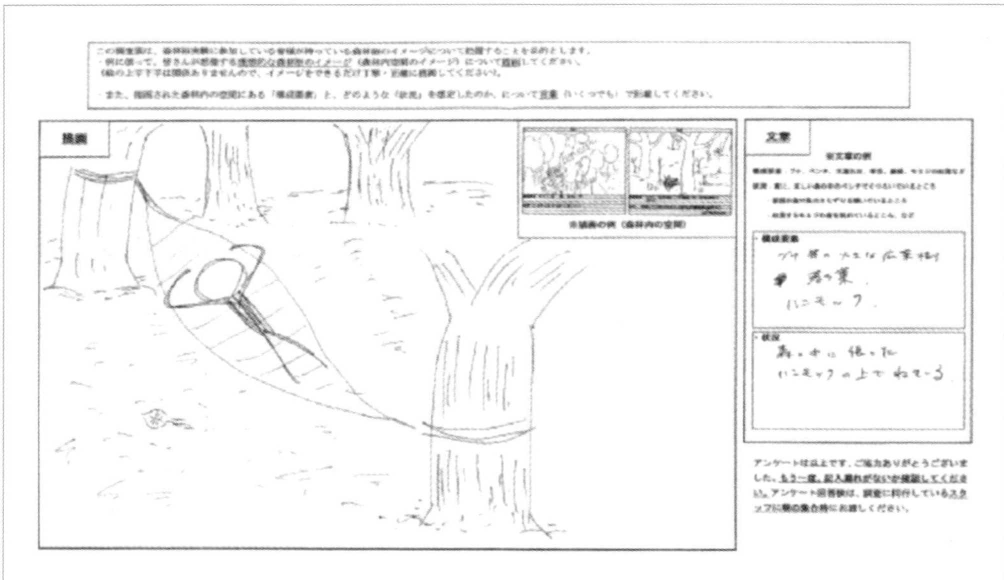

〈그림 66〉 이미지 스케치의 사례

上田裕文, 高山範理 : 삼림욕 이미지를 구성하는 공간조건에 관한 연구, 랜드스케이프 연구 (온라인 논문집), Vol. 4, p.1-6, 2010.

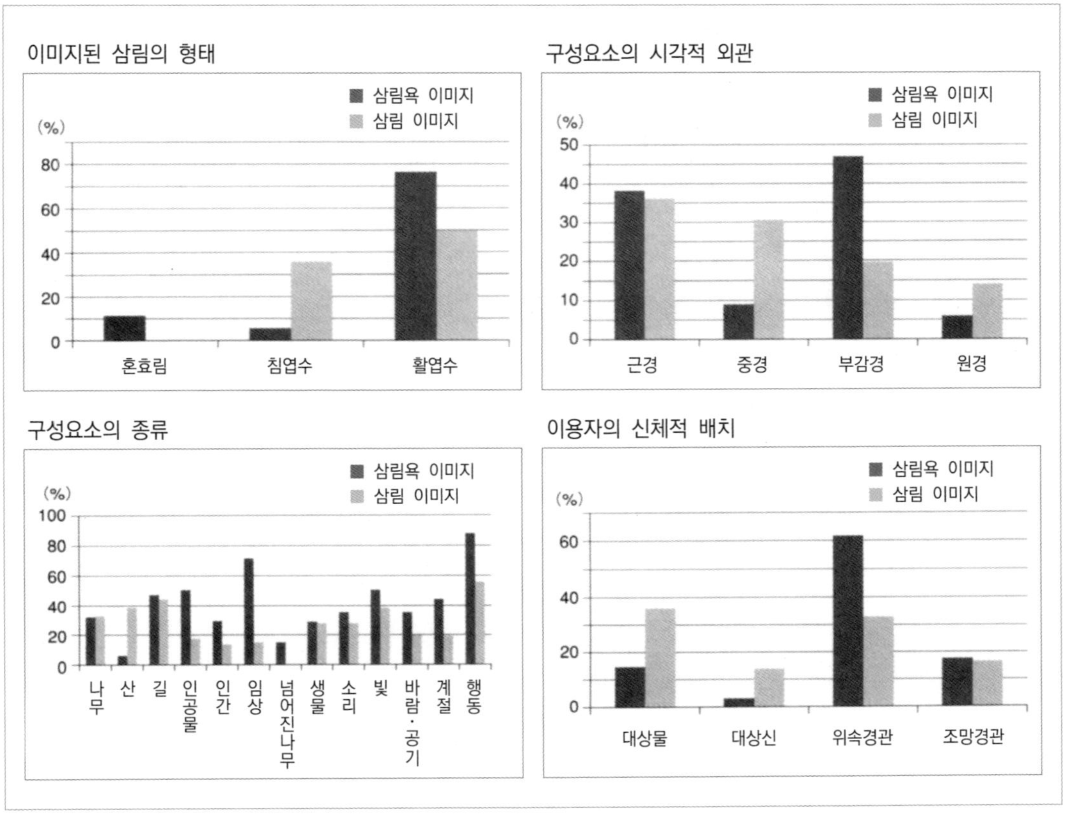

〈그림 67〉 이용자가 생각하는 삼림욕 이미지와 일반적인 삼림 이미지 비교

여기서 중요한 것은 삼림에 대한 이미지와 삼림욕에 대한 이미지가 다르다는 점이다. 활엽수에서 산책하면서 삼림 내부나 산줄기·강을 감상하고 오감을 활용해 행동하는 이미지가 삼림욕에 담겨 있다.

上田裕文, 高山範理 : 삼림욕 이미지를 구성하는 공간 조건에 관한 연구, 랜드스케이프 연구(온라인 논문집), Vol. 4, p.1-6, 2010.

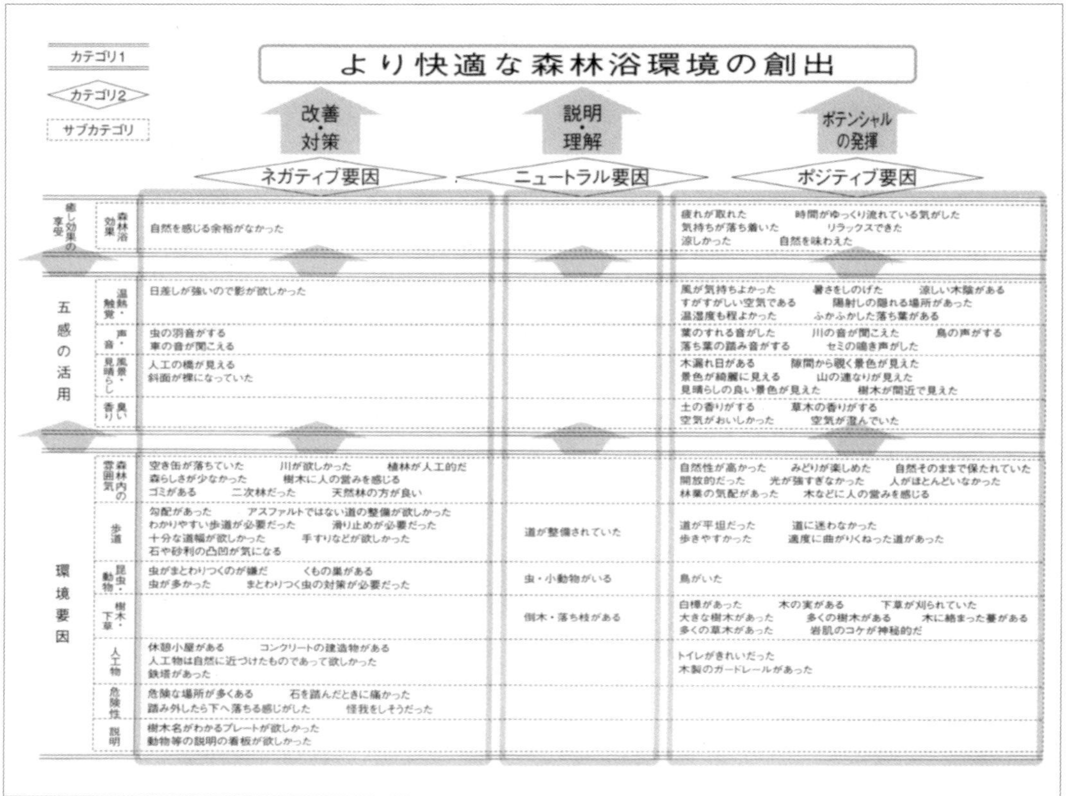

〈그림 68〉 더 쾌적한 삼림욕 공간의 창출 실현을 목표로 한 상관적 이론 모형

보다 쾌적한 삼림욕 환경을 정비하는데 있어서는 환경요인을 정비하고 다음에 오감의 활용을 촉진하여 최종적으로 치유 효과를 높이는 흐름을 의식하여 정비가 이루어지는 것이 바람직하다.

高山範理, 荒牧마리사라 : GTA을 응용한 쾌적한 삼림욕의 환경 정비에 제공하는 환경 이미지의 구조화, 랜드스케이프 연구, 74(5), p.613-618, 2011.

또, 앞으로는 신경증 경향이 높은 사람에게 한층 더 효과적으로 삼림 내에서 실시 가능한 프로그램의 개발을 진행시키는 것도 요구된다. 대규모 개변이 필요한 삼림환경 정비보다 시행이나 그 효과의 검증이 비교적 용이하고 수정이 가능한 소프트적인 재료의 제공은 현장에서 효율적으로 삼림욕의 스트레스 감소 효과를 더욱 높이는데 기여할 것이다.

한편, 신경증 경향이 높은 사람에 대한 효과적인 환경정비를 실시하기 위해서는 앞서 말한 것처럼, 목적을 좁혀 신경증 경향이 높은 사람에게 효과적인 삼림환경의 본연의 자세를 모색하는 것보다도 일반의 이용자에게 제공하는 것을 염두에 두고, 다양성 있는 삼림환경의 정비를 실시하는 것이 바람직하다고 생각된다. 신경증 경향이 높은 사람에게 효과적인 프로그램의 실시할 수 있는 가능성을 시야에 넣고, 꼼꼼한 정비가 이루어지는 것이 바람직할 것이다.

또, 단독 혹은 상담사나 가이드가 없는 시간대에 삼림욕을 실시하는 경우에 대비해 각 활동, 프로그램을 어디에서, 어느 정도 실행하면 좋을 것인가. 혹은 그렇게 함으로써 어떤 신체적 및 심리적 효과를 얻을 수 있는지에 대한 정보 제시가 요구될 것이다. 거기에는, 정보수집 시설이자 기점인 방문자센터나 세라피스테이션, 코스 입구 근처에 설치하는 간판 등에서 필요한 정보가 정확하게 전달될 수 있는 방안이 요구된다.

또, 최종적으로는 상담사나 가이드 등과 함께, 사전에 신경증 경향 등 개인 특성에 대해 조사하고, 또한 삼림욕 전후로 간단한 신체적인 삼림욕 스트레스 감소 효과의 검증이 가능해질 것으로 기대된다. 그 점에서, Neo-FI 질문지(간단히 성격 특성 판정이 가능), 아밀라제 측정 키트나 혈압계(간이 신체적 스트레스 감소 측정이 가능)나 POMS 단축판(간이 심리적 스트레스 감소 측정이 가능) 등이 유효한 기재(機材)로서 활용 가능할 것이다.

참고문헌

第I部 第1章

1) 林野庁研究普及課・計画課：森林療法（セラピー）の確立と普及に向けて-森林浴を次のステージへ-. 林野時報 **610**：4-15, 2004.

2) NPO法人森林セラピーソサエティ：森林セラピーガイドブック. JTBパブリッシング, 東京, p143, 2009.

3) 上原 巌：森林療法のてびき-地域でつくる実践マニュアル-. 全国林業改良普及協会, 東京, p157, 2007.

4) 厚生労働省：平成22年度医療費の動向 [http://www.mhlw.go.jp/wp/hakusyo/kousei/11-2/kousei-data/PDF/23010203.pdf]. 更新日不明, 2011. 11. 15. 参照.

5) 外科系学会社会保険委員会連合：日本の医療費について [http://www.gaihoren.jp/gaihoren/public/medicalcost/html/tableofcontents.html]. 2006. 9. 更新, 2010. 6. 15. 参照.

6) 厚生労働省：糖尿病等の生活習慣病対策の推進について（中間取りまとめ）[http://www.mhlw.go.jp/shingi/2007/12/s1227-13.html]. 2008. 12. 27. 更新, 2010. 6. 10. 参照.

7) 総務省統計局：高齢者の人口・世帯 [http://www.stat.go.jp/data/topics/topi141.htm]. 更新日不明, 2010. 6. 10. 参照.

8) 農林中金総合研究所：農村人口の将来見通しと地域活性化の課題 [http://www.nochuri.co.jp/report/pdf/n0209rel.pdf]. 2002. 9. 更新, 2010. 6. 10. 参照.

9) 内閣府：平成20年度年次経済財政報告 [http://www5.cao.go.jp/j-j/wp/wp-je08/08p00000.html]. 2008. 7. 23. 更新, 2010. 6. 10. 参照.

10) 橋本恭之, 呉 善充：税収の将来推計, RIETI Discussion Paper Series, 08-J-033, 経済産業研究所, p83, 2008.

11) みずほ総合研究所 : 人口減少が地方財政に与える影響-地方財政見直しの視点-[http://www.mizuho-ri.co.jp/research/economics/pdf/report/report060330.pdf]. 2006. 3. 30. 更新, 2010. 6. 10. 参照.

12) UFJ 総合研究所 : 税収減少の要因分析と今後の見通し [http://www.murc.jp/report_pdf/20070115_110802_0702531.pdf]. 2004. 8. 11. 更新, 2010. 6. 10. 参照.

13) 武内和彦, 鷲谷いづみ, 恒川篤史 : 里山の環境学, 東京大学出版会, 東京, p257, 2001.

14) 下村彰男, 井上 真, 酒井秀夫, 他 : 人と森の環境学, 東京大学出版会, 東京, p178, 2004.

15) 林野庁 : 森林・林業白書-低炭素社会を創る森林〈平成21年版〉-, 日本林業協会, 東京, p254, 2009.

16) 日本政策投資銀行 : 世界の木材需給動向と日本の木材産業 [http://www.dbj.jp/reportshift/topics/pdf/no127.pdf]. 2008. 10. 22. 更新, 2010. 8. 1. 参照.

17) 林野庁 : 林業就労者の現状 [http://www.rinya.maff.go.jp/j/routai/koyou/01.html]. 更新日不明, 2010. 8. 1. 参照.

18) 酒井秀夫 : 日本における林業活動と山村の持続的発展, 地学雑誌 **113** (2) : 217-221, 2004.

19) 西野寿章 : 山間集落の現局面と山村政策への視点. E-journal GE04 (2) : 86-102, 2010.

20) 農林水産省 : 農地及び森林の多面的機能の貨幣評価の比較対照表 [http://www.maff.go.jp/j/nousin/noukan/nougyo_kinou/06_hikaku.html]. 更新日不明, 2010. 8. 1. 参照.

21) 林野庁 : 森林の多様な利用の推進 [http://www.rinya.maff.go.jp/j/sanson/tayou-riyou.html]. 更新日不明, 2010. 8. 1. 参照.

22) 今西純一, 今西二郎 : 補完・代替医療としての緑地環境の利用環境情報科学 **35** (4) : 31-36, 2007.

23) Ulrich RS : View through a window may influence recovery from surgery. Science **224** : 420-421, 1991.

24) Kaplan R, Kaplan S : The experience of nature-A psychological perspective-, Cambridge University Press, p360, 1989.

25) Mitchell R, Popham F : Effect of exposure ot nature environment on health inequalities-An observational population study-. Lancet **372** : 1655-1660, 2008.

第Ⅰ部 第2章

26) Karjalainen E, Sarjala T, Raitio H : Promoting human health through forest−over view and major challenges−. Environmental health and preventive medicine **15** (1) : 1-8, 2010.

27) Shin W S, Yeoun PS, Yoo RW, et al. : Forest experience and Psychological health benefits−the state of the art and future prospect in Koria−. Environmental health and preventive medicine **15** (1) : 38-37, 2010.

28) 宮崎良文, 竹内佐輝子, 本橋 豊, 他 : 森林浴の心理的効果と唾液中コルチゾール, 日本生気象学会雑誌 **27** (増) : 48, 1990.

29) Ohtsuka Y, Yabunaka N, Takayama S : Shinrin-yoku (forest-air bathing and walking) effectively decreases blood glucose levels in diabetic patients. Int J Biometeorol **41** (3) : 125-127, 1998.

30) 大平英樹, 高木静香, 増井香織, 他 : 森林浴と健康に関する精神神経免疫学的研究, 東海女子大学紀要 **19** : 217-232, 1999.

31) 朴 範窺, 石井秀樹, 古橋 卓, 他 : 生理指標を用いた森林浴の評価 (1) −1) HRV (心拍変動性) を指標として−, 日本森林学会関東支部大会発表論文集 **57** : 33-34, 2006.

32) 恒次祐子, 朴 範鎮, 石井秀樹, 他 : 生理指標を用いた森林浴の評価 (1) −2) 唾液中コルチゾールならびに分泌型免疫グロブリンAを指標として−, 本森林学会関東支部大会発表論文集 **57** : 35-36, 2006.

33) Tsunetsiigu Y, Park RJ, Ishii H, et al. : Physiological effects of “Shinrin-yoku” (taking in the atmosphere of the forest) in an old−growth broadleaf forest in Yamagata prefecture, Japan−, Journal of Physiological Anthropology **26** (2) : 135-142, 2007.

34) 朴範鎖, 恒次祐子, 森川 岳, 他 : 森林浴の生理的効果 (5) −全国24ケ所における森林浴実験から−, 日本生理人類学会誌 **12** (特1) : 48-49, 2007.

35) Li Q, Morimoto K, Kobayashi M, et al. : Visiting a forest but not a city, increases human natural killer activi ty and expression of anti-cancer proteins. International journal of immunopathology and pharmacology **21** (1) : 117-127, 2008a.

36) Li Q, Morimoto K, Kobayashi M, et al. : A forest bathing trip increases human natural killer activity and expression of anti-cancer proteins in female subjects. Journal of biological regulations

and homeostatic agents **22** (1) : 45-55, 2008b.

37) 宮崎良文 : 森林浴はなぜ体にいいか, 文藝春秋, 東京, p180, 2003.

38) 大石康彦, 比屋根哲, 田口春孝, 他 : 森林環境下における心理構造の解析-保健休養機能試験林におけるSD法の適用-, 森林計画学会誌 **23** : 33-44, 1994.

39) 岩下豊彦 : SD法によるイメージの測定-その理解と実施の手引-川島書店, 東京, p204, 1983.

40) 大石康彦, 金濱聖子, 比屋根哲, 他 : 森林空間が人に与えるイメージと気分の比較-POMS及び SD法を用いた森林環境評価-, 日本林学会誌 **85** (1) : 70-77, 2003.

41) 井川原弘一, 横井秀一 : 大学生を対象とした心象評価による森林内の雰囲気と景観の好ましさを決定す る因子の解析. ランドスケープ研究 **67** (5) : 611-614, 2004.

42) 認谷珠美, 高山範理, 香川陸英, 他 : 里山での森林浴による心理的効果について, 日本林学会関東支部大会発表論文集 **56** : 27-28, 2004.

43) Morita E, Fukuda S, Nagano J, et al. : Psychological effects of forest environments on healthy adults-Shinrin-yoku (Forest-Air Bathing, Waking) as a possible method of stress reduction-. Public Health **121** : 54-63, 2007.

44) 馬場健, 今西純一, 森本幸裕, 他 : 都市緑地における高齢者を対象とした森林浴の効果について. 日本森林学会大会発表要旨集 **117** : 454, 2006.

45) 馬場 健, 今西純一, 今西二郎, 他 : 都市林におけるウォーキングの強度とその心理的・生理的影響の違い日本森林学会大会発表要旨集 **119** : 21, 2008.

46) 高山範理, 香川隆英, 総谷珠美, 他 : 森林浴における光/温熱環境の快適性に関する研究. ランドスケープ研究 **68** (5) : 819-824, 2005.

47) 綛谷珠美, 高山範理, 朴範鐘, 他 : 森林散策路の光・温熱環境と森林浴における主観評価との関係. ランドスケープ研究 **71** (5) : 713-716, 2008.

48) 井川原弘一, 大田陽子 : 針葉樹人工林と落葉広葉樹林における森林散策による気分転換効果の比較, 中部森林研究 **55** : 187-190, 2007.

49) 総谷珠美, 奥村憲, 吉田祥子, 他 : 様々な里山景観での散策による生理的・心理的効果の差異. ランドスケープ研究 **70** (5) : 569-574, 2007.

50) 認谷珠美：森林セラピーの心理的リラックス効果．農林水産技術研究ジャーナル **30** (7)：20-23, 2007.

51) 恒次祐子，宮崎良文：パーソナリティと生理応答 (4)-森林浴時の生理応答とタイプ A型傾向,不安傾向と の関係-．日本生理人類学会誌 **13** (特1)：118-119. 2008.

52) 小山泰弘，高山範理，朴範鎮，他：森林浴における唾液中コルチゾール濃度と主観評価の関係．日本生理人類学会誌 **14** (1)：21-24, 2009.

53) 桑原知子：臨床心理学，朝倉書店，東京，p182, 2007.

第I部 第3章

54) 大石康彦 ： 森林環境下における心理構造の解析一保健休養機能試験林におけるSD法の適用一，森林計画学会誌 **23**：33-44, 1994.

55) 大石康彦，金濱聖子，比屋根哲，他：森林空間が人に与えるイメージと気分の比較POMSおよびSD法を用いた森林環境評価一．日本林学会誌 **85**：70-77. 2003.

56) 井川原弘一，横井秀一：大学生を対象とした心象評価による森林内の雰囲気と景観の好ましさを決定す る因子の解析，ランドスケープ研究 **67** (5)：611-614, 2004.

57) 坂野雄二：一般性セルフ・エフィカシー尺度の妥当性の検討．早稲田大学人間科学研究 **2**：91-98, 1989.

58) Thompson SC G, Barton MA : Ecocentric and anthropocentric attitudes toward the environment. Journal of Environmental Psychology **14** : 149-157, 1994.

59) Bjerke T, Kaltenborn B P : The relationship of ecocentric and anthropocentric motives to attitudes toward large carnivores. Journal of Environmental Psychology **19** : 415-421, 1999.

60) Kaltenborn B P, Bjerke T : Associations between environmental value orientations and landscape preferences. Landscape and Urban Planning **59** : 1-11, 2002.

61) Schultz P W, Zelezny L : Values as predictors of environmental attitudes-Evidence for consistency across 14 countries-. Journal of Environmental Psychology **19** : 255-265, 1999.

62) 高山範理，喜多明，香川隆英：生活域の自然環境が身近な森林に対するふれあい活動・管

理活動に与 える影響, ランドスケープ研究 **70** (5) : 585-590, 2007.

第Ⅰ部 第4章

63) 政木志帆, 小山泰弘, 高山範理, 他 : 森林と市街地における音環境特性と心理的効果の比較, 中部森林 研究 **55** : 179-182, 2007.

第Ⅱ部 第1章

64) 羽生和紀, 山下雅子, 大森 宏 : 日英の庭の弁別に関する環境推論, 人間・環境学会誌 **20** : 1-10, 2007.

65) 讃井純一郎, 乾正雄 : レパートリー・グリッド発展手法による住環境評価構造の抽出, 日本建築学会計画系論文報告集 **367** : 15-22, 1986.

66) 佐古順彦, 小西啓史 : 環境心理学, 朝倉書店, 東京, p196, 2007.

67) 小山泰弘, 高山範理, 範鎮, 他 : 森林浴における唾液中コルチゾール濃度と主観評価の関係. 日本生理人類学会誌 **14** (1) : 21-24, 2009.

68) Kaltenborn B P, Bjerke T : Associations between environinental value orientations and landscape prefer ences. Landscape and Urban Planning **59** : 1-11, 2002.

69) 桑原知子 : 臨床心理学, 朝倉書店, 東京, p182, 2007.

70) 恒次祐子, 宮崎良文 : パーソナリティと生理応答 (4)−森林浴時の生理応答とタイプ A型傾向,不安傾向と の関係−, 日本生理人類学会誌 **13** (特1) : 118-119, 2008.

71) 高山範理, 香川隆英, 朴範策 : 森林浴がセルフ・エフィカシー (自己効力) 尺度に与える影響, 関東森林研究 **60** : 85-86, 2009.

72) 高山範理, 喜多明, 香川隆英 : 生活域の自然環境が身近な森林に対するふれあい活動・管理活動に与える影響,ランドスケープ研究 **70** (5) : 585-590, 2007.

73) 下仲順子, 中里克治, 権藤恭之, 他 : 日本語版 NEO-PI-R, NEO-FFI使用マニュアル. 東京心理株式会社, 東京, p58, 1999.

第II部 第2章

74) 小山泰弘，高山範理，範鎮，他 ： 森林浴における唾液中コルチゾール濃度と主観評価の関係. 日本 生理人類学会誌 **14** (1) : 21-24, 2009.

75) 高山範理，喜多明，香川隆英 ： 生活域の自然環境が身近な森林に対するふれあい活動・管理活動に与 える影響，ランドスケープ研究 **70** (5) : 585-590, 2007.

76) 恒次祐子，宮崎良文：パーソナリティと生理応答 (4)-森林浴時の生理応答とタイプ A型傾向，不安傾向と の関係- 日本生理人類学会誌 **13** (特1) : 118-119, 2008.

77) 高山範理，香川隆英，朴範鎮 ：森林浴がセルフ・エフィカシー (自己効力) 尺度に与える影響，関東森林研究 **60** : 85-86, 2009.

78) 下仲順子，中里克治，権藤恭之，他 ：日本語版 NEO-PI-R, NEO-FFI使用マニュアル. 東京心理株式会社，東京，p58, 1999.

第II部 第3章

79) 厚生労働省 ： 患者調査の概況 [http://www.mhlw.go.jp/toukei/saikin/hw/kanja/08/index.html]. 2008. 12. 3. 更新，2008. 3. 15. 参照.

第II部 第4章

80) 国土緑化推進機構 ： 森林セラピーへのいざない. 技秀堂，東京，p95, 2007.

81) NPO法人森林セラピー ソサエティ：森林セラピー ガイドブック. JTBパブリッシング，東京，p143, 2009.

82) 国土緑化推進機構 ： 森林セラピーポータル [http://forest-therapy.jp/]. 2010. 6. 22. 更新，2010. 7. 10. 参照.

83) NPO法人森林セラピーソサエティ ： 森林セラピー統合サイト [http://www.fo-society.jp/). 2010. 6. 25. 更新. 2010. 7. 10. 参照.

84) 木俣知大：わが国における森林セラピー基地構想の現段階. 環境情報科学 **35** (4)：47-52, 2007.

85) 今西純一, 今西二郎：補完・代替医療としての緑地環境の利用. 環境情報科学 **35** (4)：31-36, 2007.

86) 加藤昌治：考具一考えるための道具, 持っていますか? 阪急コミュニケーションズ, 東京, p239, 2003.

87) 井川原弘一：森林散策における案内人がもたらす効果に関する研究. ランドスケープ研究 **70** (5)：597-600, 2007.

88) 香川隆英：森林セラピーを活用した自然とのふれあい空間の計画. 環境情報科学 **35** (4)：8-13, 2007.

89) 奥敬一, 香川隆英, 田中伸彦：魅力ある森林景観づくりガイド. 全国林業改良普及協会, 東京, p275, 2007.

90) Ando S：丹沢登山&写真館 [http://www.ne.jp/asahi/ando/tanzawa/]. 2010. 6. 10. 更新, 2010. 7. 24. 参照.

91) 上田裕文, 高山範理：森林浴イメージを構成する空間条件に関する研究. ランドスケープ研究 (オンライン論文集) **4**：1-6, 2010.

92) 高山範理, 藤澤 翠, 荒牧まりさ, 他：GTAを応用した快適な森林浴の環境整備に供する環境イメージ の構造化, ランドスケープ研究 **74** (5)：613-618, 2011.

찾아보기

(ㄷ)

(ㄹ)

(ㅁ)

(ㅂ)

(ㅅ)

(ㅇ)

(ㅎ)

(기타)

삼림욕의 스트레스 감소효과와 향후 전망

- 심신건강과학의 관점에서 -

인 쇄 2020년 2월 25일
발 행 2020년 2월 28일

저 자 高山範理
역 자 안기완·백을선·김민희
발행인 정병석
발행처 전남대학교출판문화원

등 록 1981. 5. 21. 제53호
주 소 61186 광주광역시 북구 용봉로 77
전 화 (062) 530-0571~2 마케팅 530-0573
팩 스 (062) 530-0579
홈페이지 http://www.cnup.co.kr
이메일 cnup0571@hanmail.net

값 12,000원

ISBN 978-89-6849-709-4 (93520)

이 저서는 정부(과학기술정보통신부)의 재원으로 한국연구재단(No. NRF-2017R1A6A3A11031149)과
2019학년도 전남대학교 학술도서출판지원사업의 지원을 받아 수행된 연구임